KB042865

공간
이
만든
공간

공간이 만든 공간
새로운 생각은 어떻게 만들어지는가

발행일
2020년 4월 30일 초판 1쇄
2024년 6월 10일 초판 27쇄

지은이 | 유현준
펴낸이 | 정무영, 정상준
펴낸곳 | (주)을유문화사

창립일 | 1945년 12월 1일
주소 | 서울시 마포구 서교동 469-48
전화 | 02-733-8153
팩스 | 02-732-9154
홈페이지 | www.eulyoo.co.kr

ISBN 978-89-324-7427-4 03540

공간이 만든 공간

새로운
생각은
어떻게
만들어지는가

유현준 지음

을유문화사

건축가로서 "창조적 영감은 어디에서 얻는가?"라는 질문을 자주 받는 다. 이 질문을 받을 때마다 '과연 영감은 무엇인가?'라는 의문이 생긴 다. 에디슨은 "천재는 99퍼센트의 노력과 1퍼센트의 영감으로 이루어 진다"고 말했다. 에디슨은 누구나 노력하면 천재가 될 수 있다는 것을 말하고 싶었던 것이 아니라 1퍼센트의 영감이 없기 때문에 천재가 되지 못하는 거라고 말하고 싶었던 것 같다. 1퍼센트의 영감은 그만큼 중요 하다. 누구나 새로운 생각을 만드는 영감을 원하지만 그것이 어떻게 만 들어지는지는 잘 모른다. 영감의 원천을 설명하기 위해 고대 그리스인 은 '뮤즈'라는 아홉 명의 여신이 선물로 영감을 준다는 이야기를 만들 었다. 건축을 공부하다 보면 고대의 '알타미라 동굴'부터 '피라미드'를 거쳐서 로마의 '판테온', 르네상스 시대 '피렌체 두오모'와 근대에 들어 서는 건축가 르 코르뷔지에Le Corbusier의 '빌라 사보아'에 이르기까지 여 러 천재들의 창작물을 만나게 된다. 이들의 공통점은 시대가 주는 문제 를 발견하고 새로운 시각과 생각으로 해결책을 제시했다는 점이다. 그 렇다면 새로운 생각은 어떻게 시작될까?

새로운 생각은 때론 지리적 환경이 만들어 내기도 한다. 지구는 둥글 다. 모든 행성은 구의 형태로 되어 있다. 우주의 어느 곳에서도 중력의 법칙을 피할 수는 없다. 중력에 의해서 물질이 서로 당기면서 뭉치다 보 면 자연스럽게 동그란 구 모양의 항성과 행성이 만들어진다. 행성인 지 구도 구 모양이다. 그런데 지구는 지구만의 특징이 있다. 지구는 축이 23.5도 기울어진 상태로 24시간마다 제자리에서 한 번 회전하는 자전을 하고, 365일마다 한 번씩 태양을 한 바퀴 도는 공전을 한다. 이 물리적인 조건하에서 모든 문화가 시작된다. 일단 자전축이 기울어져 있기 때문에 지구에 계절의 변화가 만들어졌다. 계절의 변화가 없었다면 인간은 시간 개념을 갖기까지 더 많은 시간이 걸렸을 것이다.

지구는 표면의 72퍼센트가 물로 덮여 있다. 이는 우주의 다른 행성들과 비교해서 아주 특별한 예외적인 조건이다. 지구에 이렇게 물이 많은 이유로 지배적인 가설은 수십억 년 전에 얼음 형태의 소행성이 지구와 충돌했다는 것이다. 이 많은 양의 물은 태양에서 오는 엄청난 양의 에너지가 지구 전체로 고루 퍼지게 해 주는 에너지 전달의 매개체 역할을 한다. 태양 빛은 바닷물을 데우고 바닷물은 수증기가 되어 공기 중으로 올라가서 구름이 된다. 그런데 지구는 자전하기 때문에 대기의 흐름에 영향을 준다. 지구 자전의 영향으로 중위도에는 편서풍이 불고 이후 각종 다양한 바람의 흐름이 만들어진다. 이 바람에 의해서 수증기는 구름의 형태로 지구의 대기 곳곳을 돌다가 비나 눈이 되어 지면으로 내려오게 된다. 구름은 태양 에너지를 운반하는 '택배 상자'다. 이러한 에너지의 순환 속에서 생명체가 만들어졌다.

생명이 무생물과 구분되는 차이점은 에너지의 흐름이 있느냐 없느냐다. 돌과 같은 무생물은 에너지가 들어가거나 나오지 않는다. 돌은 에너지를 소비하지 않는다. 돌은 에너지의 흐름이 없는 '닫힌 시스템'이다. 하지만 인간과 같은 생명체는 에너지가 들어오고 나가는 에너지의 흐름상 '열린 시스템'이다. 태양 에너지는 식물을 키운다. 우리는 그 식물을 직접 먹기도 하고, 식물을 먹고 자라난 동물을 먹고 힘을 얻는다. 우리가 음식을 먹고 배설하는 것은 태양 에너지가 유기물 음식의 형태로 변환된 것을 소비하는 작용이다. 음식을 먹는 것은 근본적으로 태양 에너지를 먹는 것이다. 이렇듯 모든 생명은 태양 에너지의 흐름을 이용해서 생명성을 만들어 내고 유지한다.

문화는 이러한 에너지 흐름의 과정 중에서 생명이 만들어 낸 2차 부산물이다. 둥그런 행성의 모양, 자전축의 기울어짐, 자전과 공전, 쏟아지는 태양 에너지는 지역마다 다른 '지리'를 만든다. 이렇게 만들어진 다양한 지리적 배경은 각기 다른 '기후'를 만든다. 각기 다른 기후는 각기다른 '환경적 제약'을 만든다. 이런 환경의 제약 속에서 살아남기 위해몸부림친 인간 지능의 노력이 '건축물'이라는 결과물로 나타난다. 비가와서 지붕을 만들었고, 추우니까 벽으로 방을 만들고 온돌을 만들었다. 건축은 기후가 주는 문제에 대한 인간의 물리적 해결책이다. 빙하기가 끝나고 지구가 더워지면서 건조해졌기 때문에 물을 구하기 힘들어졌다. 물을 구하기 위해서 물가에 모여 살다 보니 인구밀도가 높아져주변에 있는 사냥감과 열매로는 많은 인구가 살기에 부족했다. 인간은식량 문제를 해결하기 위해 농사를 짓기 시작했다. 이렇게 한 시대가가지고 있던 기술적, 사회적, 경제적 제약 들 속에서 환경적 제약을 해결하려는 노력이 문화가 되었고 그 문화의 물리적 결정체가 바로 건축물이다. 우리는 이 책에서 건축 공간을 중심으로 사람들의 생각과 문화의 유전적 계보를 살펴보려고 한다.

『뇌의 배신』이라는 책을 보면, 사람이 가장 창의적인 순간은 빈둥거릴때라고 한다. 이 명제는 문화 발생의 많은 부분을 설명해 준다. 엘빈 토플러는 문명의 첫 번째 혁명이 농업이라고 말한다. 농업이 문명적 혁명이 될 수 있었던 것은 농업이 시작되면서 부가 축적될 수 있었기 때문이다. 수렵 채집의 시기에는 경제적 재화를 저장할 수 있는 방법이 없었다. 냉장고가 없으니 사냥감을 나눠 먹어야 하는 원시적 사회주의였다. 그런데 농사를 짓고 수확한 곡식을 말리면 저장이 가능했다. 한 장소에 머무르면서 곡식을 저장할 수 있는 창고를 만들 수 있게 되었고, 창고 안에 '부'가 곡식의 형태로 축적되었고, 축적한 곡식의 양 차이가 사회적 계층을 만들었다. 같은 인간 사이에 이전에는 없던 주인과 노예라는 계층이 생겨났다.

열역학 제2법칙인 '엔트로피'에 의하면 모든 쓸모 있는 에너지는 온도의 차이에 의해서만 만들어진다. 우주에서 생명이 가능한 것도 최초 빅뱅의 뜨거운 폭발에서부터 점점 식어 가는 우주 사이의 온도 차이에 의해서 가능하다는 이야기다. 온도 차가 없으면 에너지가 없다. 에너지가 없으면 창조와 생명도 불가능하다. 과학자들은 수백억 년이 지나고 나면 우주가 전체적으로 같은 온도의 차가운 상태가 되고, 그러면 시간도 멈출 것이라고 말한다. 왜냐하면 시간은 무질서의 정도를 말하는 엔트로피가 늘어나면서 부수적으로 만들어지는 개념이기 때문이다. 이렇듯 모든 창조는 온도 차에 의해서 시작된다.

인간 사회 안에서 '온도 차이'를 만든 것이 농업이다. 농업혁명을 통해서 사회적으로 계층과 부의 '온도 차이'를 만들어 내자 인간은 새로운 창조가 가능한 문화적 에너지를 만들 수 있었다. 계급의 차이는 갈등의 근본적인 문제지만 냉정히 말해서 문명 발생을 촉발시켰다고도 볼 수 있다. 물론 계급 차이가 계속 존재해야 창조적인 사회가 된다는 말은 아니다. 차이에 의해서 나오는 '흐름'이 창조를 만드는 것이니, 사회의 계급이나 부가 고착화되면 차이에 의한 흐름이 정체되고 사회는 쇠

퇴한다. 따라서 공정하고 평화적인 방식으로 사회 계급 간의 자리 배치의 변화가 많은 것이 사회 발전의 에너지를 만든다고 볼 수 있다. 현대 사회에서 계급 간의 이동이 없어져 가고 있다는 점은 발전의 에너지가 소실되고 있다는 중대한 문제다. 인류 초기에 사회적인 계급의 형성은 문명의 변화를 촉발시키는 결과를 가져왔다. 열심히 일해야만 생존할 수 있는 사람들이 있는 반면, 놀아도 살 수 있는 계층이 생겨나면서 누군가는 빈둥거리게 되었고 창조성이 키워졌고 문명이 발생했다. 부가 한곳에 축적되면서 사람의 힘을 한곳으로 모아 무언가를 만들 수 있는 자본력도 만들어졌다. 그 자본력으로 무거운 돌로 만든 큰 건축물이 세워지기도 했다. 위대한 사상가들도 그러한 가운데 탄생했다.

인간 사회에 계층이 만들어지고 한참의 시간이 흐른 다음, 기원전 500년을 전후해서 유라시아 대륙의 오래된 지역인 그리스, 인도, 중국에서 위대한 사상가들이 나타났다. 피타고라스, 플라톤, 석가모니, 노자, 공자 등이 그들이다. 흥미로운 점은 이 시기 사람들의 '생각의 특성'이 지리와 기후에 의해서 결정됐다는 점이다. 강수량의 조건은 농업의 품종을 결정한다. 세계의 문화 권역은 크게 벼농사 지역과 밀 농사 지역으로 나누어지는데, 이 둘을 나누는 기준은 '연강수량 1천 밀리미터'다. 연강수량이 1천 밀리미터 이상이면 벼농사, 1천 밀리미터 이하면 밀 농사를 짓는다. 그런데 이 두 품종은 농사법이 다르다. 비가 많이 오는 지역에서 하는 벼농사는 홍수나 가뭄의 피해를 막기 위해 물을 다스리는 치수 사업이 필요했다. 벼농사에는 저수지와 보를 만들거나 물길을 만드는 토목 공사가 필요한 것이다. 반면 밀 농사를 할 때에는 개인이 씨를 뿌리며 다니면 되고 치수를 위한 대형 토목 공사도 필요 없다. 노동 방식 면에서 벼농사는 여러 명이 힘을 합쳐서 하는 방식이고, 밀 농사는 개인적으로 하는 방식이다. 따라서 벼농사 지역의 사람들은 집단의식이 강하고, 밀 농사 지역은 개인주의가 강하게 나타난다. 이러한 문화적 특징의 차이는 알파벳과 한자 같은 문자나, 체스와 바둑 같은 게임 문화에서도 나타난다. 그리고 강수량이라는 기후적 차이는 건축 디자인의 차이도 만들었다. 강수량은 땅의 단단한 정도를 결정한다. 비가 적게 오는 서양의 땅은 단단하다. 그래서 서양인들은 돌이나 벽돌 같은 무겁지만 단단한 건축 재료를 이용해서 벽으로 지붕을 받치는 '벽 중심'의 건축을 했다. 반면 비가 많이 오는 지역인 동양은 장마철에 땅이 물러지기 때문에 무거운 재료로 만든 벽은 쓰러진다. 따라서 가벼운 건축 재료인 나무를 사용하였고, 자연스럽게 나무 기둥으로 지붕을 받치는 '기둥 중심'의 건축을 하게 되었다.

잉여 농산물은 사회 계층을 만들었고, 나누어진 사회 계층은 잉여 시간을 만들었으며, 잉여 시간은 문화를 만들었다. 문화는 다시 기후적 제약의 차이에 의해서 서로 다른 유전적 특성을 만들었다. 1차적으로 문명의 생각이 창조되면서 발생한 서로 다른 생각들이 만나고 충돌하고 융합하면서 2차적인 창조가 만들어졌다. 서로 다른 생각들이 충돌하고 융합하려면 많은 사람이 좁은 공간에 모여서 살아야 한다. 도시는 그런 환경을 제공해 준다. 도시는 문명 발전의 '필요조건'이다. 최초의 문명이라고 할 수 있는 메소포타미아는 도시가 형성되면서 생겨났다. 인구 5천~5만 명 정도의 최초 도시 '우루크'부터 인구 100만 명의 도시 로마까지 거대한 인구가 모여 있는 도시들은 생각들의 충돌과 융합을 만들어 내고 창조의 터전이 되었다. 도시는 창조의 플랫폼이었다. 다른 생각들의 융합이 새로운 창조를 만들어 낸다는 것을 가장 잘 보여 주는 사례가 르네상스의 도시들이다. 동로마 제국이 오스만 튀르크에게 멸망당한 후 그리스와 중동 지역의 수학적 배경을 가진 학자들이 중세의 유럽으로 대거 들어오게 되었다. 이들이 있었기에 유럽은 중세에서 벗어나 갑작스럽게 갈릴레오 같은 과학자들을 배출하게 된 것이다.

시간이 지나면서 인간은 점점 더 빠른 교통수단을 만들게 되었다. 처음에는 걸어 다니다가 점차 말과 같은 동물의 에너지를 이용하면서 이동 속도가 빨라졌다. 말을 이용해서 몽골 제국은 유럽까지 세력을 뻗칠 수 있었다. 이후 좀 더 복잡한 기계인 범선을 만들어서 바람이라는 자연의 에너지를 이용할 수 있게 되었고, 유럽의 상인들은 범선을 이용해서 바닷길을 통해 동아시아에 갈 수 있게 되었다. 이쯤 되자 서로 다른 기후대에서 각자 발달해 오던 다른 문화가 만나게 되었다. 교통수단의 발달이 '공간의 압축'을 만든 것이다. 공간이 압축되자 다른 문화 간의 융합이 일어나게 되었고 새로운 문화 변종이 만들어졌다. 우리나라의 경우 고구려, 백제, 신라는 각자의 지역에서 원시적 집단을 형성하고 평화롭게 살았겠지만, '말'이라는 교통수단이 나오면서 공간이 압축되고 국가가 형성되었고 국가 간의 전쟁이 일어난 것과 마찬가지다. 교통수단 발달에 의한 공간의 압축은 전쟁 같은 물리적인 충돌을 유발하지만 적당한 거리를 가질 경우 소통을 통한 '문화의 융합'이 만들어지기도 한다. 유전 공학적 관점으로 비유해 본다면 다른 문화 간의 교류와 융합은 다른 품종의 교배로 볼 수 있다. 자연에서 각각의 생명은 자신이 처한 환경에서 살아남기 위해서 진화하고 이종 간 교배를 통해서 선택된 우성 유전자를 후대에 남긴다. 이러한 우성 유전자를 가진 혼합

종을 만들기 위해 자연은 남성과 여성이라는 두 가지 성을 만들었고, 서로 다른 성이 만나 매 세대마다 다른 유전자 조합을 만들도록 했다. 문화도 마찬가지다. 다른 지역에서 발전한 문화는 이종 교배를 통해서 2차적인 창조를 만들고 그렇게 다음 세대의 문화가 탄생한다. 이렇듯 문화의 진화 과정은 생명체의 진화 과정과 동일하다. 그래서 과학자 리처드 도킨스는 문화를 유전자적으로 이해하고 '문화 유전자(밈)'라는 말을 처음으로 사용하였다. 이 책에서는 도킨스가 사용한 문화 유전자와 똑같은 의미로 '문화 유전자'라는 말을 사용하지는 않지만 문화를 하나의 유전자 정보로 보고 문화 간의 융합을 유전자의 교배로 바라보고 있다. 그렇다면 문화의 교류와 융합은 어디서 어떻게 시작될까?

문화적 교류는 보통 물건에서 시작한다. 사람이나 집단이 이동해서 교류하는 것은 어렵다. 언어의 장벽도 있고 외모가 다른 것도 융합을 어렵게 만든다. 21세기에도 여전히 이민자의 문제가 완전히 해결되지 못한 것만 보아도 사람끼리 직접 섞이는 것이 얼마나 어려운지 알 수 있다. 대신 멀리 떨어진 문화끼리는 부피가 작고 무게가 가벼운 물건의 교환으로 소통이 시작된다. 동서양의 교류는 초기에 낙타를 타고 다니는 중동 상인들에 의해서 비단과 향신료를 교류하면서 시작되었고, 시간이 흘러 범선 같은 교통수단이 발달하면서 무거운 도자기까지 교류하기 시작했다. 차와 도자기가 유럽에 대량으로 수입되면서 유럽 내에 중국 스타일을 따라하는 '시누아즈리Chinoiserie'라는 유행이 만들어졌다. 산업혁명 이후에 다양한 물건이 만들어지게 되고 박람회라는 행사가 개최되었다. 박람회장으로 사람을 끌어 모으기 위해서는 이국적이고 매력적인 요소가 필요했다. 이들은 먼 나라의 건축물을 '파빌리온

pavillion'이라는 형식의 가건물로 지어서 소개하기 시작했다. 엑스포를 통해서 비로소 사람의 몸보다 큰 건물 스케일의 교류가 시작한 것이다.

'차이'와 '융합'에 이어서 새로운 창조를 만드는 요소는 '기술'이다. 앞서 말한 융합 역시 교통 기술 발전이 만들어 낸 것이다. 교통수단이 발달할수록 문화의 2차적 변종의 탄생은 가속화되고, 여기에 새로운 기술 혁명까지 더해지면 문화의 파생과 결합의 방향에 큰 흐름이 생겨난다. 새로운 기술 혁명은 분야별로 여러 가지가 있다. 건축에서는 엘리베이터나 철근콘크리트 같은 기술이 새로운 문화적 변종을 만들어 냈다. 스위스 건축가 르 코르뷔지에, 독일 건축가 루트비히 미스 반 데어 로에Ludwig Mies Van Der Rohe 같은 근대 건축의 거장은 이러한 기술을 적극 도입했기에 새로운 공간을 만들고 새 시대를 열 수 있었다. 근대에 나타난 새로운 기계 문명 기술과 변화된 세상을 '산업혁명'이라고 말하고, 그 기계 문명이 만든 이전과는 다른 문화적 특징을 '모더니즘'이라고 표현하기도 한다. 모더니즘이란, 기술에 의해서 만들어진 새로운 라이프 스타일과 문화 전반에 걸친 새로운 변혁을 말한다. 하지만 미스 반 데어 로에나 르 코르뷔지에 같은 건축가들의 새로움을 단순히 기술의 결과로만 봐서는 안 된다. 그들의 건축에는 보이지 않게 동서양의 문화가 섞인 변종 문화 유전자가 숨겨져 있다. 이 책에서는 그런 숨겨진 면들을 탐구해 보려 한다.

위대한 이론은 다양한 현상들을 단순하게 설명한다. 뉴턴의 '만유인력의 법칙'이 위대한 이유는 야구공의 움직임부터 복잡한 행성 간의 움직임까지 한 가지 공식으로 다 설명할 수 있기 때문이다. 그런데 문화에서 새로운 생각이 어떻게 나타나는지를 한마디로 정리하기는 쉽지 않다. 문화는 물리적인 현상이 아니라 생명이 만들어 내는 것이기 때문이다. 당구공 같은 무생물은 뉴턴의 공식과 마찰력을 계산할 수만 있으면 움직임을 예측할 수 있다. 당구공 자체는 에너지의 흐름이 없는 닫힌 시스템이기 때문에 계산이 비교적 쉽다. 당구공의 움직임은 당구공과 당구대 사이의 에너지만 계산하면 된다. 하지만 생명은 외부로부터 에너지를 받아들이는 열린 시스템이다. 그만큼 영향을 미치는 외부적인 변수 요인이 많다. 그렇기 때문에 생물은 예측하거나 분석하기가 쉽지 않다. 실제로 혜성의 궤도를 예측하는 것보다 사람이 다음 순간에 어떤 생각을 할지 예측하는 것이 훨씬 더 어렵다. 생물을 한마디로 정리하기 어렵듯이 생물이 만드는 문화나 창조도 그러하다.

우주의 '불변의 법칙' 중 하나는 만물의 무질서는 증가한다는 엔트로피 법칙이다. 방을 따로 청소하지 않으면 쓰레기통이 된다. 오직 청소하고 정리 정돈에 힘과 에너지를 썼을 때에만 분위기 있는 방을 만들 수 있다. 문화도 그러하다. 문화는 방대한 에너지의 흐름 과정 중에 잠깐 동안만 만들어지는 질서라는 '저低 엔트로피'의 상태이다. 따라서 잠깐만 에너지의 흐름이 깨져도 문화는 서서히 소멸한다. 마야나 잉카 문명은 한때 거대한 국가를 만들고 문명을 꽃피웠지만 식량이나 물 같은 에너지의 흐름이 사라지자 사라져 버렸다. 서울도 농촌에서 재배하는 농작물, 중동에서 가져오는 석유, 팔당댐의 물, 발전소에서 만들어 송전해 주는 전기라는 외부 에너지가 공급되지 않는다면 일주일도 안 돼 폐허가 되기 시작할 것이다. 건축물은 그만큼 만드는 데 힘들고 유지하는 데도 많은 에너지가 요구된다. 인류는 사용 가능한 에너지를 모아서 건축물과 도시를 만든다. 건축물과 비교해서 공예품은 전파가 쉽고, 텍스트는 공예품보다 전달과 유지가 더 쉽다. 텍스트에 담긴 사상은 번역만 되면 여러 문화권으로 퍼져 나간다. 건축, 공예품, 텍스트는 문화의 유전자 코드다. 이 문화 전달체는 여러 가지 방식으로 서로 영향을 주면서 사람들의 생각을 변화, 발전시킨다.

이 책은 여러 가지 생각의 씨줄과 날줄이 오랜 시간 동안 엮어서 만들어 내는 '문화의 카펫'에 그려진 '생각의 무늬'를 보여 주려는 시도다. 전작 『도시는 무엇으로 사는가』와 『어디서 살 것인가』는 각각 15장과 12장으로 구성되어 있다. 그 책들에서 각 장들은 저마다 다른 이야기를 하는 글의 모음이었다. 이 두 권의 책에 담긴 27개의 챕터는 27층 건물의 27개 평면도와 같다. 1층에는 백화점이, 5층에는 학원이, 9층에는 헬스클럽이, 20층에는 사무실이 들어가 있는 27층 복합 건물의 서로 다른 평면도. 각각의 층은 독립적으로 존재한다. 반면 이 책은 건물을 세로로 길게 자른 단면도라 할 수 있다. 시간이라는 투명 엘리베이터를 타고 각 층을 통과하면서 1층부터 27층 그리고 옥상까지 올라가 보는 책이다. 엘리베이터를 타고 가다 보면 앞서 나온 책에서 보았던 방들도 보일 것이다. 그래서 앞선 책을 읽으신 분들은 중복된 이야기를 찾게 될 것이다. 하지만 책의 흐름상 있어야 하는 것이기에 참고 읽어 주시면 감사하겠다. 같은 이야기라 하더라도 앞뒤에 연결된 이야기와의 관계를 살피면서 함께 봐 주시면 좋겠다. 이 책에는 『모더니즘』, 『현대건축의 흐름』 등 지금은 절판됐지만 초기에 냈던 책들의 내용이 다수 포함되어 있다. 건축적 관점에서 생각이나 문화가 어떻게 변하고 진화했는가를 이야기하려면 건너뛸 수 없는 이야기들이었기 때문이다. 이 책이 나오기까지 카피라이트 해결한 사진을 찾아 주시느라 1년간 애써 주신 김경민 편집장님, 책 디자인을 해 주신 옥영현 실장님, 근대 건축 도면을 그려 준 김지현 님에게도 감사의 뜻을 전한다.

우리가 인간을 설명할 때 혈관의 네트워크로 인체를 설명하기도 하고, 때로는 위장, 소장, 대장 같은 기관을 중심으로 설명하기도 하며, 어떤 이는 기氣의 흐름으로 설명하기도 한다. 인체는 우주처럼 복잡하기 때문에 하나의 시각으로는 전체를 설명할 수 없다. 문화와 사람의 생각도 마찬가지다. 이 책에서 문화와 생각에 대해 설명하기 위해서 공간을 중심으로 여기저기 찔러 보며 탐구할 것이다. 그런데 그 설명이 물리학 공식처럼 깔끔하고 단순 명확하지는 못할 것이다. 다리에 비유하자면 튼튼한 직선의 '한남대교'가 아닌 개울에 여기 저기 다른 모양과 크기의 돌이 던져진 징검다리에 더 가깝다. 그래서 때로는 무리하게 뛰어야 다음 돌로 건널 수도 있다. 어설픈 시도지만 독자들이 나와 함께 이 생각의 징검다리를 흥미롭게 건너 보길 희망한다.

2020년 꽃피는 봄에   유현준

차례

1장.   왜 건축물의 빈 공간을 보아야 하는가

BC 300   15C   1900   1950 1960 1970 1980 1990 2000

인터넷과 방송 매체가 발달한 지금은 직접 가지 않고도 먼 나라의 정보를 접할 수 있다. 미래학자들은 이렇게 텔레커뮤니케이션[1]이 발달한 시대가 오면 사람들이 먼 나라에 가지 않고도 매체를 통해서 볼 수 있기 때문에 여행객 수가 줄어들 것으로 예상했다. 그러나 막상 뚜껑을 열어 보니 그와 반대로 방송을 통한 정보의 교류가 많을수록 여행자 수가 늘었다. 사진이나 영상으로 본 것을 눈으로 확인하기 위해서 직접 움직인 것이다. 그 많은 여행자가 해외에 가서 가장 많이 하는 일이 뭘까? 아마도 그 나라의 유명 건축물 앞에서 사진을 찍는 일일 거다. 인증 샷을 찍어서 SNS에 올리는 일은 여행의 가장 중요한 일 중 하나가 되었다. 그렇다면 유명 건축물은 왜 그 지역의 상징이 됐을까? 건축물은 한 나라의 문화 결정체이기 때문이다. 건축은 인간이 하는 일 중 가장 많은 돈과 시간이 들어가는 행위다. 따라서 건축물이 지어졌다면 그것은 어느한 사람만을 대변한다고 보기 어렵다. 건축물은 건축가 한 사람의 구상에서 시작할지는 모르지만 건축주가 돈을 내는 데 동의해야 하고, 각종행정 기관에서 승인을 해 주고, 실제로 많은 인부가 시멘트를 붓고 벽돌을 쌓아야 완성된다. 건축물은 그 시대의 지혜와 집단의 의지가 합쳐져서 만들어진 결정체로, 그 시대와 그 사회를 대변한다. 그렇게 해서 만들어진 건축물은 시간을 뛰어넘어 후세까지 전달된다.

그런데 건축은 어떻게 시간을 뛰어넘어, 시대가 다른 사람 간에도 소통이 가능하도록 해 주는 걸까? 건축 공간이 시간과 언어의 장벽을 뛰어넘어 소통의 매개체가 되어 주기 때문이다. 회화나 음악과는 다르게 건축만이 가지고 있는 소통의 도구는 비어 있는 공간인 보이드Void 공간이다. 건축물 덩어리에서 전달되는 상징성은 조각에도 있다. 고딕 성당 내부에 줄지어 서 있는 기둥 옆을 걷다 보면 리듬감이 느껴지고 창문을 보면 비례의 조화도 느껴진다. 이런 리듬감과 하모니는 건축뿐 아니라 음악에서도 나타나는 특징이다. 하지만 빈 공간이 주는 시각적 3차원 정보는 다른 어느 예술이나 문화에도 존재하지 않는다. 이같이 건축물의 빈 공간은 건축이 가지고 있는 가장 큰 의사 전달 수단이요, 특징이다. 그래서 이 같은 빈 공간을 어떻게 디자인했느냐가 문화적 성격의 특징을 규정하는 잣대가 될 수 있다. 예를 들어서 서양 문화권의 공간은 벽으로 구획된 기하학적인 모양의 빈 공간을 가지고 있는 반면, 동아시아 문화권의 공간은 기둥으로 만들어져서 빈 공간의 내부와 외부의 경계가 모호한 성격을 가지고 있다. 이렇게 각각의 문화는 독특한 빈 공간의 성격을 가지고 있다.

이 빈 공간은 빛보다도 먼저 존재한다. 구약 성경 창세기 1장 1절부터 3절까지 보면 "처음에 하나님께서 하늘과 땅을 창조하시니라. 땅은 형태가 없고 비어 있으며 어둠은 깊음의 표면 위에 있고 하나님의 영은 물들의 표면 위에서 움직이시니라. 하나님께서 이르시되, 빛이 있으라, 하시매 빛이 있었고"(KJV 흠정역)라는 구절이 있다. 이 문장을 보면 보이드 공간과 빛의 존재 순서가 잘 나타나 있다. 본문의 '비어 있으며'를 영어 성경에서 찾아보면 텅 비어 있다는 뜻의 단어인 'Void'라고 표기되어 있다. 과학적 사고가 거의 없던 시절에도 중동 지역에 살았던 초기 문명사회의 인간은 신이 세상을 창조할 때 빈 공간인 보이드 공간을 먼저 창조하고 그 이후에 빛을 창조했다고 생각했다. 현대 과학에서도 같

'판테온'(118-128, 로마) 내부에서 바라본 돔 안쪽

1장. 왜 건축물의 빈 공간을 보아야 하는가

은 이야기를 하고 있다. 최초에 빅뱅이 있은 후 10^{-43}초가 지난 후에는 우주의 크기가 '플랑크 길이'라고 하는 10^{-33}센티미터 정도로 작았다. 이후 10^{-43}초와 10^{-36}초 사이에 우주는 빛보다 빠른 속도로 10^{50}배까지 공간이 팽창한다. 이후 우주 공간은 10^{-32}초와 10^{-12}초 사이에 다시 10^{50}배로 팽창한다. 이후 쿼크, 양성자, 중성자 등이 만들어지고, 10초와 38만 년 사이에 빛의 광자가 만들어졌다. 최초의 빅뱅 이후 38만 년이 지나서야 광자가 자유롭게 움직일 수 있는 세상이 만들어진 것이다. 현대 과학에서도 공간은 자유롭게 움직이는 빛보다 38만 년 먼저 앞서서 만들어졌다고 말하고 있다. 빛은 세상을 인식하는 데 있어서 가장 먼저 전제되는 조건이지만 그 빛조차도 빈 공간 없이는 존재할 수 없다. 그렇다면 인간은 빈 공간을 어떻게 인식하는 걸까?

3차원의 존재는 X, Y, Z 세 가지 정보의 좌표 값을 가진다. 반면 2차원의 존재는 X, Y 두 가지 정보만 가지면 위치를 알 수 있다. 인간은 가로, 세로, 높이 세 가지 정보로 규정할 수 있는, 부피감을 가지고 있는 3차원 존재다. 3차원의 인간이 온전히 인식할 수 있는 것은 그보다 낮은 차원인 2차원 혹은 1차원이다. 2차원은 종이 같은 평면이고, 1차원은 선이다. 어떤 존재가 사물을 인지할 때는 자신보다 낮은 차원의 것만 완전히 인지할 수 있다. 이 명제에 대한 설명은 미치오 가쿠의 저서 『초공간』에서 쉽게 설명하고 있다. 예를 들어서 흰 종이 위에 동그라미, 네모, 세모를 그렸다고 하자. 3차원의 존재인 인간은 평면인 2차원의 동그라미, 네모, 세모를 완벽하게 인지할 수 있고 도형 간의 모양 차이를 알 수 있다. 이때 동그라미, 네모, 세모가 의식이 있다고 가정해 보자. 이들 도형들은 2차원의 '종이 나라'에서 서로를 바라보면 어떤 모습으로 보이

게 될까? 이들은 서로를 볼 때 똑같은 직선으로 보인다. 다만 길이만 조금씩 다를 뿐이다. 왜냐하면 동그라미, 네모, 세모는 2차원의 존재이기 때문에 사물을 1차원 이하로만 인식할 수 있기 때문이다. 만약에 축구공 같은 3차원의 '구'가 2차원의 '종이 나라'를 통과한다고 상상해 보자. 종이는 이 구를 어떻게 인식할까? 아무것도 없는 종이에 갑자기 '점'이 생겼다가, 그 점이 '원'이 되었다가, 원이 점점 커졌다가, 어느 정도 커진 다음에는 다시 점점 작아지다가 점이 되었다가 사라지게 될 것이다. 2차

1장. 왜 건축물의 빈 공간을 보아야 하는가

원의 종이는 3차원을 인식할 수 없다. 대신 3차원의 구를 다른 시간대에 따라서 다른 크기의 원으로만 인식할 뿐이다. 인간과 공간의 관계도 마찬가지다. 3차원의 인간은 3차원의 공간을 완전히 인식할 수 없다. 다만 2차원으로만 인식할 수 있을 뿐이다. 인간은 외부 세계를 인식할 때 망막에 투사되는 평면적인 2차원 이미지 정보만 가질 수 있다. 하지만 인간은 특별한 능력을 가지고 있다. 다름 아닌 '기억력'이다. 인간의 지능은 단기 기억력 덕분에 좀 전의 과거와 조금 더 먼 과거의 2차원 장면을 기억할 수 있다. 실제로 인간의 의식은 초당 2백여 장의 그림을 연산한다고 한다. 기억력과 네 번째 차원인 '시간'의 도움으로 망막에 잡힌 그림을 연산해서 이어 붙여 3차원의 공간을 구축하는 것이다. 기억력 덕분에 우리는 3.5차원 정도의 존재가 되는 것이다. 이는 마치 2차원의 종이가 커졌다가 작아지는 여러 장의 '원' 이미지를 이어 붙여서 '구'를 상상하는 것과 마찬가지다. 물론 이때 구에 대한 인식은 4차원의 존재가 파악하는 것처럼 완벽한 모습은 아니다. 우리는 사람의 얼굴 정면과 뒤통수를 동시에 볼 수 없다. 하지만 정면의 얼굴과 옆모습, 뒷모습을 보고 조합해서 그 사람을 기억할 수는 있다.

　공간도 마찬가지다. 초당 2백 장 이상의 2차원 사진들을 망막으로 모아서 3차원의 공간을 구축하는 것이다. 그러나 그 공간은 4차원 혹은 5차원의 존재가 파악하는 완전한 3차원 공간은 아닐 것이다. 그럼에도 어렴풋이 공간을 파악할 수는 있다. 우리의 인식 방식이 얼마나 불완전한지는 회전하는 자전거 바퀴의 휠을 보면 알 수 있다. 제자리에 서 있는 자전거의 바퀴를 돌리고 난 후 바라본 적이 있을 것이다. 이때 시계 방향으로 돌린 바퀴가 어느 정도 돌아간 다음에는 반시계 방향으로 돌아가는 것으로 보일 때가 있다. 이러한 착시 현상은 우리의 뇌가

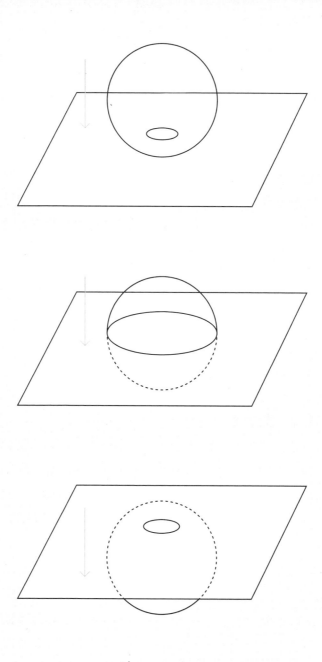

그림을 초당 2백 장 정도로만 인식하는 불완전성 때문에 나타나는 현상이다. 바퀴가 거꾸로 돌아가는 것처럼 보이는 이유는 우리의 뇌신경이 돌아가는 바퀴의 속도를 따라가지 못해 전체를 다 감지하지 못하고 불안정하게 감지하기 때문에 어느 순간 조합한 그림이 반대 방향으로 돌아가는 모습으로 인식하게 되어 있기 때문이다. 조금 더 시간이 지나거나 바퀴의 회전 속도가 더 느려지면 다시 시계 방향으로 돌아가는 것으로 조합되어서 보인다. 인간은 초당 2백여 장의 망막 위에 맺힌 이미지 외에도 음향과 그림자 같은 정보와 경험을 바탕으로 더 많은 공간감을 느낄 수 있게 인지 능력이 발달해 있다.

우리가 깜깜한 우주 공간을 보면 아무런 공간도 느껴지지 않지만, 멀리 밝은 달이나 별이 있으면 그때부터 공간의 깊이가 느껴지기 시작한다. 보이드라고 하는 빈 공간을 인식하기 위해서는 반드시 물체가 필요하다. 물체가 있어야 빛을 반사시킬 수 있고, 그래야 우리 눈이 비어 있는 부분을 인식할 수 있기 때문이다. 이처럼 공간을 인식하기 위해서는 물체가 반드시 필요한데, 그 원리는 덴마크 심리학자인 에드거 루빈Edgar Rubin이 1915년에 그린 「얼굴과 꽃병Rubin's Vase」을 보면 쉽게 이해된다. 이 그림을 보면 하얀색 물체와 검정색 빈 공간의 상호 의존 관계를 알수 있다. 그림 속에서 하얀색 꽃병을 보기 위해서는 검은색 두 얼굴 바탕이 필요하고 그 반대의 경우도 마찬가지다. 마치 빛을 느끼기 위해서 그림자가 필요하듯, 빈 공간을 인식하기 위해서는 물체가 필요하다. 역으로 추론해 보면, 물체가 만들어지면 동시에 빈 공간도 부산물로 만들어지는 것이다. 인간의 건축 행위는 일차적으로는 물체를 만드는 것이지만, 최종 목적은 인간이 사용할 수 있는 빈 공간을 만들기 위한 것이

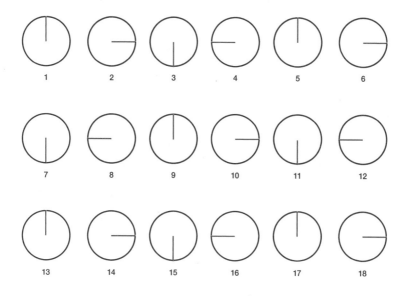

동그라미 안 빨간 선은 시계 방향으로 돌고 있다. 그런데 우리 눈은 전체를 다 감지하지 못하고 중간 중간 감지하기 때문에 흰색 동그라미 지점만 보게 된다. 따라서 특정 회전 속도에서는 자전거 바퀴가 거꾸로 도는 것으로 보인다.

에드거 루빈의 「얼굴과 꽃병」

다. 단순히 물체만 만드는 것은 조각이다. 건축이 조각과 다른 점은 건축은 빈 공간을 만들기 위해서 물체를 만드는 행위라는 점이다. 인간은 건축물이라는 물체를 만들고 그 물체가 만든 빈 공간을 인간이 사용한다. 빈 공간을 프레임하기 위한 물체를 만드는 일은 엄청나게 큰 에너지와 돈이 들어가는 일이다. 그렇다 보니 많은 사람의 지혜를 모아야 하고, 크게는 사회적 동의가 있어야만 만들어질 수 있다. 그렇기 때문에 그 빈 공간이 구축되는 형식과 모양을 보면 만든 사람의 생각과 문화를 비추어 볼 수 있다. 따라서 그 공간을 분석하고 이해하면 사람과 문화를 이해할 수 있다. 이 책은 사람의 생각이 어떻게 발생하고, 서로 다른 생각이 어떠한 과정을 통해서 융합되고 어떻게 생각의 '새로운 종'이 만들어지는지 추리해 보는 책이다. 이 추리의 과정에서 건축의 빈 공간의 특징은 중요한 물질적 단서와 증거가 된다.

전 지구가 하나가 되어 버린 초연결 시대에 동양과 서양을 나누어서 이야기하는 것은 우스운 일이다. 하지만 과거에 실존했던 동서양 문화의 차이를 살펴보고, 두 문화의 교류와 그 흔적을 되짚어 보는 것은 생각의 유전적 계보를 찾는 일의 첫발로서는 필요한 일이다. 두 문화의 차이를 살펴보는 것은 마치 남자와 여자라는 두 성의 차이와 특징을 살펴보는 것과 유사하다. 앞으로 이 책에서는 편의상 한국, 중국, 일본을 포함한 극동아시아를 '동양'이라고 하고, 그리스 문명과 로마 제국을 포함한 유럽 대륙을 편의상 '서양'이라고 할 것이다. 다음 장부터는 두 문화가 어떻게 만들어졌고 어떤 특징을 가지고 있으며, 이후 이 문화라는 생명체는 시간이 흐름에 따라서 어떤 과정을 통해서 어떠한 파생 종의 후손들을 만들어 내면서 진화해 왔는지 공간을 중심으로 살펴보자.

하이 고딕 스타일의
노트르담 대성당
Cathédrale Notre-Dame
de Paris(1194-1230)

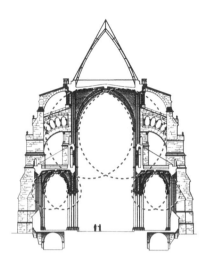

아이작 뉴턴 기념관Cenotaph for Sir Isaac Newton by Étienne-Louis Boullée(1780년대).
직경 170미터 정도의 비어 있는 '구' 형태의 공간이다. 서양 문화에서 기하학적인 형태의
보이드 공간을 만드는 성향은 시대가 바뀌어도 지속된다.

1장. 왜 건축물의 빈 공간을 보아야 하는가

2장.   문명을 탄생시킨 기후 변화

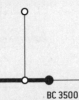

'우루크' 형성
(BC 4000-3500년경)

BC 9500   BC 3500

BC 300   15C   1900   1950 1960 1970 1980 1990 2000

인류는 처음엔 다른 모든 지구상의 생명체와 마찬가지로 태양 에너지를 받아서 만들어진 식물을 채집해서 먹거나, 그 식물을 먹고 자란 동물을 사냥해서 먹었다. 자연 생태계는 태양 에너지를 유기체 형태로 전환시켰고, 인간은 그 유기체를 소비함으로써 간접적으로 태양 에너지를 소비하며 살았다. 이 시기는 인간이 자연 발생적인 자연 생태계의 일부로서 살아가던 시절이다. 그런데 기후의 변화, 엄밀하게 말하면 지구 온난화가 이러한 인간의 생존 방식을 바꾸었다. 빙하기가 끝나면서 자연환경에 큰 변화가 생겼다. 전반적으로 추웠던 빙하기 중에는 지구의 지역 간 온도차가 컸다고 한다. 바람은 대기의 온도 차이가 만들어 내는 공기의 이동이다. 따라서 지역 간 온도 차가 컸던 빙하기 때에는 바람의 세기가 지금보다 더 강했다. 이런 상태에서는 지표면에 식물을 자라게 하는 유기물이 축적되기 어렵다. 그러다 빙하기가 끝나고 빙하가 녹으면서 담수의 양이 증가했다. 지구의 기온이 전반적으로 올라가면서 에너지의 전달 매개체인 물이 수증기가 되어 대기에 많이 포함됐다. 그리고 대기에 태양 에너지를 전달하는 수증기의 양이 많아지면서 전체적으로 지구 지역 간의 온도차가 줄어들었다. 지역 간의 온도 차이가 줄어들게 되면서 바람의 세기가 약해졌으며, 덕분에 지표면에 유기 물질이 축적되기 시작했고, 식물이 자라기에 적합한 토양이 많아졌다. 강한 바람은 유기물을 날려 버릴 뿐 아니라 땅 표면의 수분을 앗아가기 때문에 농사에 결정적인 해가 된다. 그런 바람의 피해를 줄이기 위해서 물이 부족한 지역에서는 지금도 농사지을 때 땅에 돌을 뿌린다. 땅에 뿌려진 작은 돌들은 바람을 막아 주고 그림자를 드리워서 수

분이 빼앗기는 것을 줄여 준다. 바람이 많은 제주도에서도 농사를 짓기 위해서 돌담으로 바람을 막는 노력을 한다. 전 지구적으로 바람이 줄어들었다는 것은 비로소 농사지을 만큼 기후 조건이 좋아졌다는 것을 뜻한다. 그런데 빙하기가 끝나면서 온도가 올라가자 물이 부족해지는 지역이 생겼다. 대표적인 곳이 중동 지역이다. 이곳은 빙하기 때는 다른 추운 지역과 달리 기온이 적당해서 먹을 것이 많고 식물이 잘 자라는 지역이었다. 빙하기가 끝나는 시점인 기원전 1만 년 전 이전의 아라비아반도는 오늘날과는 달리 수목이 무성하고 호수와 습지가 많은 땅이었다. 고대의 에덴동산이라고 할 수 있다. 실제로 에덴동산의 위치를 찾는 다큐멘터리에서는 에덴동산의 위치를 중동 페르시아만 바닷속 침수 지역으로 결론 내리고 있다. 하지만 에덴동산 같던 이곳의 기온이 올라가면서 점차 물이 부족해지는 현상이 생겨났다. 그런데 전화위복으로 이러한 기후적 제약은 최초의 문명이 발생할 수 있는 천혜의 조건을 제공했다.

물이 부족해지자 사람들은 물을 구할 수 있는 강으로 모여들게 되었고, 자연스럽게 강 주변으로 단위 면적당 인구 밀도가 높아졌다. 기후가 건조해지면서 식물이 줄어들었고 무엇보다 사람이 모여 살게 되면서 주변에서 구할 수 있는 사냥감과 채집할 수 있는 열매들이 인구수에 비해서 턱 없이 부족해졌다. 수렵과 채집만으로는 먹고살기가 어려워지게 된 것이다. 인간은 단위 면적당 늘어나는 인구를 먹여 살릴 수 있는 다른 방법을 찾아야 했다. 보통 수렵 채집을 통해서 한 사람이 먹고살려면 가로 세로 각각 1킬로미터 정도의 면적인 100만 제곱미터의 땅이 필요하다고 한다. 그런데 원시적인 형태의 농업을 하게 되면 한 사람이 먹고사는 데 5백 제곱미터의 땅만 있으면 된다. 수치상으로는 한 사람이 먹고사는 데 필요한 땅의 면적이 2천 분의 1의 면적으로 줄어든 것이다. 이는 과거 수렵 채집 때 1명이 사냥을 하면서 먹고살던 땅에 농사를 지으면 2천 명이 살 수 있게 된다는 것을 뜻한다. 농업은 좁은 땅에서 더 많은 사람이 먹고살 수 있는 혁신적인 방법이었다. 그래서 배가 고팠던 인간은 수렵과 채집보다는 인공적으로 수확량을 늘릴 수 있는 농업으로 전환하게 된다. 최초의 문명인 농업혁명이 시작된 것이다.

구약 성경의 창세기를 보면 에덴동산에서 일도 안 하고 과일을 먹으면서 살던 아담은 금지된 선악과를 따서 먹은 죄에 대한 처벌로 에덴동산에서 쫓겨나 먹고살기 위해서 농사를 짓기 시작했다고 나온다. 성경의 저자는 인류의 생활 양식이 수렵 채집에서 농경으로 바뀐 것을 이렇게 설명하고 있는 것 같다. 메소포타미아의 수메르에서는 기원전 9500년경부터, 인도에서는 기원전 6000년경부터, 고대 이집트에서는 기원전 5000년경부터, 그리고 중국에서는 기원전 2500년경부터 농경이 시작되었다. 그런데 특이하게도 농업은 인간만 하는 것이 아니다. 곤충인 개미 중에서 중남미 열대 지방에 서식하는 잎꾼개미Leafcutter ants들은 잎을 잘라서 버섯을 키워 먹는 농업을 한다. 이파리를 잘게 잘라서 효소 성분이 있는 자신들의 배설물과 섞어 버섯균류를 재배하는 것이다. 버섯균류는 잎꾼개미의 주 식량원이다. 국립생태원 초대 원장인 최재천 교수에 의하면 인간은 농사를 지은 지 1만 년밖에 안 됐지만, 잎꾼개미는 2500만 년 동안 농사를 지어 왔다고 한다. 인간과 개미의 특징은 둘 다 좁은 지역에 많은 개체 수가 사는, 단위 면적당 개체 수 밀도가 높은 군집 생활을 한다는 점이다. 단위 면적당 개체 수가 많은 종이 모두 농사를 짓는 것은 아니지만 개미와 인간의 경우로 미루어 보아 농업 기술은 고밀도 군집 생활을 하지 않는 집단에서는 나오지 않는 기술인 것 같다. 농업을 통해서 개미처럼 밀도가 높은 군집 생활을 하게 된 인간은 개미처럼 사회 내에 신분 계층을 가지게 되었다. 개미 사회에 여왕개미가 있듯이 인간 사회에 왕이 생겨났고, 두 사회 모두 하층부에 생산을 담당하는 노동자 계급이 있다.

벌도 개미처럼 밀도가 높은 군집 생활을 하는 곤충이다. 하지만 벌은 농사를 짓지 않는다. 그 이유는 벌은 날개를 가지고 멀리까지 빨리 갈 수 있기 때문이다. 느리게 걸어야 하는 개미는 갈 수 있는 영역이 좁다. 반면에 벌은 날개 덕분에 넓은 면적에서 빠르게 꽃의 꿀을 수집할 수 있다. 그렇기 때문에 농사를 직접 짓지 않고도 고밀도 군집 생활이 가능했다. 그래서 벌 중에는 농사짓는 종이 발견되지 않는다. 인류 역사

농업을 하는 잎꾼개미

말을 타고 넓은 공간을 다닐 수 있는 몽골인들은 더 나아가서, 말보다 더 빠른 날개 달린 '매'를 훈련시켜 사용한다. 말과 매를 이용해서 공간을 압축한 몽골인들과 달리 평생 한 마을에 머무는 농경인들은 매를 키우지 않는다.

에서 찾아보면 벌처럼 이동 속도가 빨라서 농사를 짓지 않고도 제국을 일궜던 민족이 있다. 바로 몽골 민족이다. 몽골 민족은 말을 타고 멀리까지 빨리 갈 수 있었다. 마치 날개 달린 벌처럼 몽골 민족은 농사를 짓지 않고도 사냥을 하거나 주변 민족을 약탈하면서 유목민족의 생활 양식을 유지할 수 있었던 것이다. 벌 같은 날개도 없고 몽골 민족 같은 말도 없었던 초기 인류는 농업 기술을 발전시키면서 좁은 공간에 모여 살수 있는 방법을 터득하게 되었다. 농업을 통해서 수렵 채집보다 2천 배가량 높은 인구밀도를 가진 공간을 만들면서 인류는 지능상의 큰 변화를 만들게 된다.

컴퓨터의 경우, 일반적인 가정용 개인 컴퓨터PC도 직렬이 아닌 병렬로 연결하게 되면 슈퍼컴퓨터의 능력을 갖게 된다. 같은 원리로, 평범한 인간의 뇌도 병렬로 연결하면 집단은 개개인의 능력보다 훨씬 더 큰 능력을 발휘하게 될 것이다. 그런데 인간의 뇌는 컴퓨터처럼 전선 케이블로 연결할 수 없다. 대신 인간의 뇌 사이를 병렬로 연결하는 눈에 보이지 않는 케이블이 있다. 바로 '언어'다. 언어가 발달하면서 인간은 주변 사람들과 고도의 의견 교환이 가능해지게 되고 집단의 두뇌 간 시너지 효과가 커지게 되었다. 언어를 통한 뇌의 병렬연결은 단위 면적당 인구수가 늘어날수록 기하급수적으로 증가하게 된다. 수렵 채집 시기에 10제곱킬로미터의 면적에 수십 명이 살았다면, 건조해진 기후 때문에 강가로 모인 사람들은 10제곱킬로미터에 수만 명이 모여 살았을 것이다. 수십 개의 PC를 병렬로 연결하는 것보다 수만 개의 PC를 병렬로 연결한 컴퓨터가 훨씬 더 강력하다. 인간도 마찬가지다. 수만 명이 모여 살게 되면서 집단 지능이 커졌고 자연스럽게 문명이 발생했다. 문

이라크의 유프라테스강 부근에 있는 '우루크' 유적지

명 발생의 필수 조건은 '도시' 형성이다. 인류 최초의 도시는 메소포타미아 지역에 만들어진 '우루크Uruk'라는 도시다. 기원전 3500년경에 만들어진 우루크는 성벽 안쪽 면적이 6제곱킬로미터였는데 그 안에 5만명이 살았다. 이 정도의 인구 밀도는 인류 역사상 처음 있는 공간적 상황이다. 5만 명의 뇌가 언어를 통해 병렬로 연결되면서 상업 활동이 늘어났고 새로운 종교들도 발생했다. 사회는 점점 더 복잡하게 분업됐고, 사회 계층도 왕족, 귀족, 종교인, 군인, 상인, 농부, 노예 등으로 점점 더 세분화되었다. 지구 온난화는 인류가 농사를 짓게 했고, 강가에 고밀화된 도시를 만들게 했고, 이렇게 만들어진 환경은 문명을 만들었다.

그런데 이러한 최초의 문명은 왜 다른 지역이 아닌, 메소포타미아 지역에서 만들어졌을까? 농업혁명의 탄생 이유와 마찬가지로 이 역시 지리적 조건 때문이다. 문명이 발생하려면 인구 밀도가 높은 도시가 만들어져야 하는데, 문제는 사람이 모여 살게 되면 전염병이 돈다. 전염병이 돌면 사람이 많은 곳에 가면 안 되기 때문에 모여서 살 수 없고 도시가 붕괴된다. 우리는 사스, 메르스, 코로나19 같은 전염병을 통해서 이와 비슷한 일을 경험했다. 그런데 메소포타미아 지역의 우루크 같은 곳은 건조 기후여서 전염병이 돌지 않는 장점이 있다. 예방주사가 없고 특별한 위생 시설도 없는 천연 상태에서 박테리아성 질병이나 바이러스성 전염병의 유행에 가장 강한 내성을 가진 지역은 건조한 기후대 지역이다. 매사추세츠공과대학교MIT에서 바이러스가 전파되는 과정을 연구했는데, 비가 내리면 땅에 빗방울이 떨어지면서 흙과 함께 발포 상태가 되고 그것이 옆으로 이동하면서 바이러스가 전파된다는 연구 결과가 나왔다. 비가 많이 오는 지역은 세균의 증식뿐 아니라 바이러스의 전파에도 취약하다. 반대로 건조한 기후대는 비가 잘 안 오기 때문에 전염병에 강하다.

그런데 문제가 있다. 건조 기후대는 전염병에는 강하지만 물이 부족하다. 물이 없으면 인간이 모여 살 수가 없다. 그런데 메소포타미아와 이집트 지역은 특이하게도 강이 남북으로 흐르는 조건을 가지고 있다. 두 문명은 남북으로 흐르는 강의 하구이면서 건조 기후대에 위치한 문명이다. 티그리스강, 유프라테스강, 나일강 같은 거대하고 긴 강은 상류와 하류의 기후대가 다르다. 강의 상류에는 비가 많이 내리고, 빗물이 강을 따라서 하구의 건조한 지역에 다다르게 되면 사람들은 전

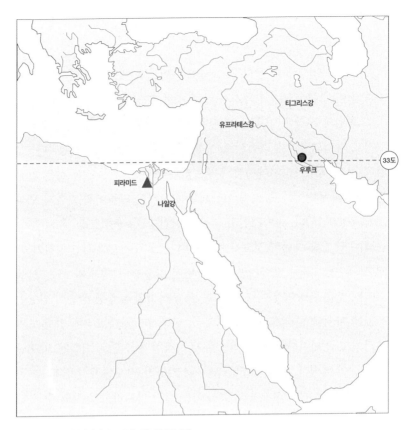

티그리스강

유프라테스강

33도

우루크

피라미드

나일강

남북으로 흐르는 나일강과 유프라테스강, 티그리스강

염병 없이 그 물로 농사를 짓고 마시면서 살면 되는 것이다. 남북으로 흐르는 강은 자연이 만들어 준 천연의 상수도 시스템이 되었다. 덕분에 최초의 문명 도시 우루크는 남북으로 흐르는 강 하구의 건조 기후대인 메소포타미아 지역에서 탄생하게 된 것이다.

여기서 한 가지 의문이 든다. 고고학에서 연도를 예측하는 것은 들쑥날쑥하지만, 대략적으로 빙하기가 끝난 것은 기원전 10000년으로 보고, 최초 농업의 시작은 기원전 9500년경의 메소포타미아라고 추정한다. 그리고 농업혁명이 본격적으로 시작된 것은 기원전 7000년경이다. 그런데 정작 메소포타미아에서 우루크라는 도시가 만들어진 것은 기원전 3500년 무렵이다. 농업이 시작되어서 도시가 만들어질 때까지 도대체 왜 6000년이나 걸린 것인지 의문이 생긴다. 상상을 조금 해 보면 이는 해수면 상승 때문일 것으로 유추된다. 지구가 온난화되면 빙하가 녹고 그에 따라 물이 많아지면서 해수면이 상승한다. 우리가 사는 21세기에도 같은 현상이 일어나고 있다. 지구 역사상 해수면 상승이 심했던 시기는 마지막 빙하기가 끝난 직후다. 빙하기가 끝나고 지구의 온도가 올라가고 빙하가 녹으면서 상승하기 시작한 해수면은 기원전 5000년이 돼서야 멈췄다. 기원전 18000년부터 기원전 5000년까지 13000년 동안 해수면이 120미터나 올라갔다. 이는 별것 아니라고 생각할 수도 있겠지만 현재 우리 시대 도시의 해발 고도를 생각해 보면 이는 실로 엄청난 변수라는 것을 알 수 있다. 21세기 현재 대부분의 대도시는 해발 100미터 이하에 위치하고 있다. 만약 지금 해수면이 120미터 올라간다면 수십억 명이 사는 대부분의 도시가 물에 침수된다. 서울의 해발고도는 38미터. 만약에 해수면이 40미터만 올라가도 서울이라는 도시는 사라지게 된다.

도시의 해발 고도가 낮은 이유는 무엇일까. 산꼭대기에 위치한 마추픽추 같은 특별한 경우도 있지만 대부분의 사람은 낮은 지대에 산다.

이유는 간단하다. 낮은 지대가 물이 풍부하고 땅의 경사도가 완만하기 때문이다. 고도가 높아질수록 경사가 급해진다는 것은 등산을 해 보면 누구나 알 수 있는 사실이다. 도시를 만들려면 집을 짓고 도로를 만들면서 정주해서 살아야 하는데, 그러기 위해서는 땅의 경사도가 낮을수록 유리하다. 농사를 지을 때도 땅의 기울기가 낮아야 한다. 그래서 산에서 농사지으려면 계단식으로 논을 만들어서 어떻게든 평지를 만든다. 하지만 계단식 논은 만들기가 무척 힘들기 때문에 자연스럽게 경사도가 낮은 땅을 찾아서 농사짓기 편한 낮은 지대로 내려가게 되었다. 특히 강이 바다와 만나는 하구는 평지가 많고, 강의 범람 시에 퇴적되는 침전물로 인해 토질이 좋고 물이 풍부해서 거주하거나 농사를 짓기에 유리하다. 한강의 경우만 보더라도 한강 하구의 일산과 김포는 곡창지대다. 인류가 최초에는 수렵과 채집을 해야 했기 때문에 숲에서 살았다가, 점차 수렵과 채집에 대한 의존도가 낮아지고 농업으로 이전될수록 경사진 숲에서 조금 낮은 구릉지로 내려오게 되고, 완전히 농업으로 전환하면서부터는 경사가 더 완만하고 물이 풍부한 강가의 낮은 지대에 마을을 만들고 거주하게 됐다. 농업 경제에 기반을 둔 마을이 저지대에 위치하는 것은 당연한 일이다.

　이렇듯 농업으로 형성된 인류 최초의 마을은 저지대에 자리 잡았을 테지만, 그런 마을들은 13000년 동안 해수면이 상승하면서 대부분 물속에 잠겼을 것이다. 그래서 중동이나 중국을 비롯한 각 문화권마다 홍수 설화가 많은 것이다. 그중 성경 속 노아의 홍수 이야기가 가장 유명하다. 그러다가 기원전 5000년경에 해수면 상승이 멈췄고, 이후 1500년이라는 시간 동안 사람이 안정적으로 모여 살게 됐고, 기원전 3500년이 되어서야 우리가 발견할 수 있는 최초의 도시가 만들어지게 된 것이다. 최초의 도시가 기원전 3500년에 만들어지고 난 후 본격적으로 농업을 기반으로 한 경제 체계가 자리 잡게 되었다. 수렵 채집과 농업의 가장 큰 차이는 농업은 추수한 농작물을 저장할 수 있다는 것이다. 이때부터 인간은 부를 축적할 수 있게 되었고, 그에 따라 계급이 생겨났다. 더 많은 땅과 인구수는 더 많은 부를 만들기 위한 필수 조건이었다. 인간은 집단의 크기를 키우고 땅을 차지하기 위해 더 많이 싸우게 됐고, 사회 조직력이 커지면서 도시국가가 만들어졌다. 그리고 남는 재화를 저장하고 세금을 징수하기 위해서 문자가 생겨났다. 최초의 문자인 수메르 문명의 쐐기문자(설형문자)는 곡식의 양을 기록하기 위한 수단이었다. 그 당시만 하더라도 사람들의 생각을 남기는 방식은 '문자'보다는 '그림'이 더 효과적이었다. 쐐기문자보다는 각종 동굴이나 벽에 그려진 그림들이 그 시대 사람들의 머릿속을 들여다보기에 좋은 방식이다. 그런데 시간이 지나면서 문자 체계가 점점 더 정교해졌다. 주변 사람들의 뇌와 병렬로 연결시키는 방식이 언어라면, 다른 시대 사람이나 먼 지역 사람들의 뇌와 병렬로 연결시키는 방식은 '문자'다. 최초의 문자는 회계 장부 정도의 기능을 했지만 시대를 거듭할수록 추상적인 개념들도 기록할 수 있는 문자 체계로 발달하게 되었다. 이로써 다른 지역, 다른 시대의 사람들과 교류하게 되면서 문명 발달의 속도가 가속화되었다. 3천 년 정도의 시간이 흐른 후에는 최초의 문명인 수메르 문명 지역에서 수천 킬로미터 이상 떨어진 곳에 위대한 사상이 꽃을 피우게 된다. 우리는 그 문화를 그리스 문명, 인더스 문명, 황하 문명이라고 말한다. 그리고 그 문명권에서 기원전 500년경을 전후로 문명의 슈퍼스타급 사상가들이 출현하게 된다.

스페인 북부의 알타미라 동굴의 구석기 동굴 벽화.
초기 인류는 언어나 문자보다는 그림으로 더 쉽게 의사소통을 하였을 것이다.

점토판에 새겨져 있는 쐐기문자(좌)
처음에는 곡식의 양을 기록하기 위한 수단으로
사용됐다. (오른쪽 '바빌로니아 숫자' 참조)

𒁹 1	𒌋𒁹 11	𒎙𒁹 21	𒌍𒁹 31				
2	12	22	32				
3	13	23	33				
4	14	24	34				
5	15	25	35				
6	16	26	36				
7	17	27	37				
8	18	28	38				
9	19	29	39				
10	20	30	40				

2장. 문명을 탄생시킨 기후 변화

흥미로운 사실은 동양과 서양, 두 세계의 근간을 이루게 한 위대한 사상가들은 물리적으로 엄청난 거리를 두고 있으면서도 시기적으로는 기원전 582년부터 기원전 300년 사이의 비슷한 시기에 활동했다는 점이다. 우선 수학의 아버지라 할 수 있는 피타고라스Pythagoras(BC 582~497), 서양 철학의 기초를 세운 플라톤Plato(BC 429~347), 기하학의 아버지인 유클리드Euclid(BC 365~275)가 서양에서 활동했고, 동양에서는 노자老子(BC 6세기), 공자孔子(BC 552~479), 석가모니釋迦牟尼(BC 563~483)가 동양 사상계의 초석을 세웠다. 피타고라스와 공자가 같은 동네에 살았으면 둘이 서른 살 정도의 나이 차이밖에 나지 않으니 아버지와 아들 정도의 세대 차였을 것이다. 그런데 왜 이렇게 비슷한 시기에 위대한 사상가들이 여기저기서 동시에 태어난 걸까?

이들이 출현한 시기의 공통점은 두 문화권 모두 위대한 사상가들이 태어나기 직전에 전쟁이 극심했다는 점이다. 전쟁이 많이 발생한 이유는 교통수단의 발달로 인해서 이웃한 지역으로 접근이 쉬워져서 충돌이 일어났고, 청동기 문화가 보급되면서 전쟁 무기도 발달했기 때문으로 볼 수 있다. 중국의 경우에는 기원전 1600년부터 기원전 400년 전국 시대가 오기 전의 춘추 시대까지가 청동기 시대였다. 바퀴가 달린 전차의 경우 최초의 전차는 기원전 2000년경 지금의 카자흐스탄 지역에서 발명되었다. 이후 기원전 1700년경에 서양에 전파되었고, 중국에는 기원전 1200년경에 전파가 되었다. 이전에는 주로 발로 뛰면서 전쟁을 하다가 말과 바퀴가 합쳐진 새로운 도구가 전쟁에 사용되면서 속도 면에서 엄청난 변화를 가져왔다. 우선 공간적으로 먼 거리를 가기 쉬워지면서 더 잦고 규모도 커진 전쟁이 있었을 것이다. 실제로 공자가 살았던 춘추 시대는 지역 간의 패권들이 끊임없이 전쟁을 하던 시기였다. 인류의 집단은 교통수단의 발달과 문자의 개발로 더 많은 영역으로부터 세금을 걷을 수 있는 시스템을 갖추게 되었다. 체계적으로 세금을 걷을 수 있게 되니, 이제 문제는 영토의 크기였다. 영토가 커지고 노예가 많아질수록 지배 계급의 이익은 더 커진다. 이는 주변국과의 영토 전쟁으로 이어졌다. 중국의 경우는 춘추 시대(BC 770~404)에 지역 패권 간의 전쟁이 끊임없이 있었다. 그리스의 경우에는 페르시아와의 전쟁(BC 499~455)이 크게 있었고, 이후 펠로폰네소스 전쟁(BC 431~404)이 일어났다. 플라톤은 펠로폰네소스 전쟁 중에 태어난 것이다. 전쟁 중에는 이유 없이 많은 사람이 죽어 나간다. 때문에 사람들은 '왜'라는 생각을 하게 되고, 여기서 위대한 사상의 싹이 텄을 것이라 추측할 수 있다.

그렇다고 위에서 언급한 사람들이 천재여서 대단한 생각을 무無에서 유有로 갑자기 창조한 것이라고는 생각되지 않는다. 분명 앞선 수십 세대에 걸쳐 모여 살면서 형성된 생각들이 어느 정도 무르익었을 것이고, 어느 시점에서 문자로 이들의 생각을 남길 수 있게 되었기에 비로소 사상가로서 역사에 남은 것이 아닐까 생각된다. 위에서 언급된 위대한 사상가들은 본인이 직접 썼든 제자가 썼든 그들의 생각이 책으로 남겨진 사람들이다. 이렇듯 책을 써서 텍스트로 남기는 일은 중요하다. 텍스트로 된 생각들은 전파되거나 전승되기에 유리하기 때문이다. 그런데 그리스와 중국의 위치를 보면 특이한 점이 있다. 두 문명은 시기적으로는 비슷한데 최초의 문명인 수메르 지역으로부터 떨어진 거리는 크게 차이가 난다. 수메르 문명의 우루크에서 아테네까지의 거리는 직선거리로 2,300킬로미터고 육로로 가면 3,300킬로미터다. 반면 우루크에서 중국 시안西安까지의 거리는 5,700킬로미터 정도다. 거리상으로 두 배 정도 차이가 난다. 대체 왜 그런 차이가 있는 걸까? 그에 대한 해답은 재러드 다이아몬드 교수의 시각을 통해 얻을 수 있다.

재러드 다이아몬드의 『총, 균, 쇠』를 보면 농업 문명이 같은 위도상의 동서 방향으로는 빠르게 전파되고, 남북 방향으로는 느리다고 말한다. 그 이유는 남북 방향으로 이동하면 위도가 달라지면서 기후가 바뀌게 되고, 기후가 바뀌면 어렵게 발견한 농사 가능한 종자를 사용할 수 없기 때문이다. 반면 동서 방향 이동은 같은 위도상으로 같은 기후대상에서의 이동이기 때문에 옆에서 농사가 가능했던 종자를 그대로 쓸 수 있기에 농업 전파의 속도가 빠르다. 우루크는 북위 33도에 위치하고, 아테네는 북위 37.5도, 시안은 북위 34도에 위치한다. 우루크와 비교해서 시안은 위도상 1도 차이가 나는 반면 아테네는 4.5도 차이가 난다. 게다가 우루크에서 아테네에 가려면 가운데에 지중해가 가리고 있어서 옆으로 돌아가야 한다. 반면 우루크에서 시안은 육지를 통해 동쪽으로 수평 이동하면 된다. 다이아몬드 교수의 이론을 적용하면 동쪽으로 수평 방향으로 전파된 농업의 전파 속도가 훨씬 빨랐다. 그래서 그리스와 중국은 같은 시대에 위대한 사상가가 나올 정도의 비슷한 발전 수준이었지만 거리로 따지면 시안이 아테네보다 최초의 메소포타미아 문명 도시에서 두 배 정도 멀리 떨어져 있었던 것이다.

또 다른 흥미로운 역사는 지중해를 두고 패권을 다퉜던 로마와 카르타고의 이야기다. 수메르 문명은 북으로 이동해서 그리스 문명이 되었고, 이후 문명은 더 북서쪽으로 이동해서 북위 42.5도에 위치한 로마를 만들었다. 한편 수메르 문명이 이집트를 거쳐서 서쪽으로 수평 이동해서 북아프리카에 만들어진 문명국가가 카르타고다. 카르타고는 지중해를 두고 로마와 패권을 다투다가 로마에 패망하고 만다. 카르타고의 명장 한니발Hannibal이 코끼리를 이끌고 알프스를 넘어 로마를 격파한 이야기는 유명하다. 하지만 무슨 이유에선지 한니발은 로마를 끝장낼 수 있었음에도 그렇게 하지 않았고, 결국 로마에게 지고 만다. 이로써 문명의 축은 아프리카에서 유럽으로 넘어갔다. 만약에 한니발이 로마를 멸망시켰다면 산업혁명은 영국이 아닌, 북아프리카의 한 국가에서 시작됐을지도 모른다.

서양의 사상가들과 동양의 사상가들은 같은 시기에 뿌리를 내렸지만 이들이 세상을 바라보는 시각은 상당한 차이를 보여 준다. 예를 들어서 서양은 개인주의적인 사고를 하고 '십계명' 같은 절대적인 가치관을 갖고 있다. 십계명에서 '살인하지 말라'는 계명은 일상에서 적용하면 말이 되지만 전쟁에서는 적용하기 어려운 법칙이다. 그럼에도 서양의 법칙은 상황과 상관없이 절대적인 명제를 가지고 있다. 이에 반해서 동양은 집단의식이 강하고 '중용' 같은 상대적인 가치관을 가지고 있다. 동양에서는 경우에 따라서 행동에 대한 가치가 결정 난다. 두 문화권은 건축 공간을 대하는 방식도 다르다. 서양의 건축은 벽 중심의 건축을 하면서 내부와 외부가 명확하게 구분되는 공간의 성격을 갖는 반면, 동양은 기둥 중심의 건축을 하면서 내부와 외부의 경계가 모호한 성격의 공간을 갖는다. 이 두 문화는 공통적으로 농업에 기반을 두고 발생한 문화다. 그럼에도 불구하고 왜 두 문화의 '생각의 유전자'는 다르게 만들어졌을까? 같은 시기에 만들어진 생각의 틀이 어떤 과정으로 다른 특징을 가지게 되었는지 살펴보자.

시안은 아테네보다 우루크에서 두 배나 멀리 떨어져 있다.

2장. 문명을 탄생시킨 기후 변화

3장. 농업이 만든 두 개의 세계

석가모니, 공자, 플라톤
(BC 570-340년)

BC 300   15C   1900 1950 1960 1970 1980 1990 2000

동서양 두 문화가 다른 특징을 갖게 된 이유는 두 지역의 강수량이 다르기 때문이다. 농업 발명 이전에 인류는 태양 에너지가 만들어 낸 자연 생태계에 의존하며 과일과 견과류 열매를 끊임없이 채집하거나 크고 작은 사냥감을 잡으면서 살아야 했다. 살아남기 위해 복잡하고 다양한 경로를 통해서 식량을 얻어야만 했던 인류는 농업이라는 신기술을 갖게 되면서 자연 생태계에 의존했던 때보다 훨씬 단순한 방식으로 식량을 얻을 수 있게 되었다. 이제 인류는 농업을 통해 보리, 벼, 밀, 조, 수수 같은 몇몇 품종의 식물만으로도 식량 문제를 해결할 수 있게 되었다. 농사를 짓는 식물의 품종은 수십 가지밖에 안되고, 가축으로 키우는 동물의 종도 개, 고양이, 소, 돼지, 염소, 닭, 토끼, 양 등 열 가지 정도다. 농업은 인간이 만든 최초의 '인공 생태계'다. 인간이 선택한 몇 개의 종을 대량으로 복제하여 단순한 생태계를 만들고 그에 의지해서 살아가는 방식이 농업이다. 인류 문명은 다양하게 계속 진화하는 것 같지만, 사실 본질을 들여다보면 1만 년 전이나 지금이나 '단순한 인공 생태계를 만드는 일'이라고 정의 내릴 수 있다. 인터넷 가상 공간 역시 구글, 페이스북, 아마존을 대표로 '인공 생태계를 만드는 일'이라 할 수 있다. 이 같은 인공 생태계를 만드는 역사의 첫 단추가 농업이다.

농업의 시작은 셀 수 없이 많은 식물 중에서 열매의 생산성이 가장 높은 품종을 선택하는 일이었다. 이때 선택된 식물 종은 인간이 거주하는 지역의 기후에 의해서 결정된다. 그중 강수량이 가장 결정적인 요소다. 현재 인류가 식용으로 가장 많이 사용하는 곡물은 벼와 밀인데, 둘 중에 어느 품종을 재배할 것이냐는 강수량이 결정한다. 벼는 밀보다 재배하는 데 더 많은 물이 필요한 품종이다. 그래서 일 년에 비가 1천 밀리미터 이상 내리면 벼를, 1천 밀리미터 이하 내리면 밀을 재배한다. 지구는 자전하기 때문에 행성 전체를 감싸는 대기는 지역마다 일정한 흐름의 방향에 따라 바람이 되어 분다. 이러한 바람 중 계절풍이라는 것이 있다. 보통 대륙의 동쪽 지역은 계절풍의 영향으로 특정 시기에 비가 많이 내리는 몬순 기후다. 따라서 대륙의 동쪽은 벼농사를 짓는다. 유라시아대륙의 동쪽에 위치한 우리나라와 중국, 일본, 동남아시아 국가들은 벼를 재배한다. 반대로 대륙의 서쪽 지역은 집중 호우식의 장마철 없이 비가 일 년 내내 고루 내리는 편이고 강수량도 동쪽에 비해 상대적으로 적다. 그래서 유라시아 대륙의 서쪽인 유럽은 밀을 재배한다.

그런데 밀과 벼는 재배 방식에 차이가 있으며, 이 재배 방식의 차이가 가치관의 차이를 가져온다. 일반적으로 벼농사 지역은 집단의식이 강하고, 밀 농사 지역은 개인주의가 강하다. 그 이유는 버지니아대학 토머스 탈헬름Thomas Talhelm 교수의 논문『벼농사와 밀 농사에 따른 문화적 차이의 증거Emerging Evidence of Cultural Differences Linked to Rice Versus Wheat Agriculture』에 잘 설명되어 있다. 그 내용은 다음과 같다. 벼농사는 비가 많이 오는 지역에서 이루어지는데, 이때 많은 물을 다뤄야 하기에 치수를 위한 토목 공사가 많이 필요하다. 물을 담는 작은 저수지인 '보'를 만들어야 하고 모내기도 집단으로 모여서 한다. 벼농사를 지을 때는 저수지나 다른 사람의 땅에서 사용한 물을 내 논으로 내려 받아서 사용하고 다시 그 물을 물길을 내어서 이웃의 땅으로 전달해 주어야 한다. 벼농사에서는 농사에 가장 중요한 물을 함께 힘을 합쳐서 공동으로 사용해야만 한다. 시기를 놓치면 농사가 어려운 품종이기 때문에 노동의 형태도 집단적으로 집중해서 심고 태풍이 오기 전에 집중적으로 추수하는 형식을 띤다. 이러한 노동의 과정을 통해서 벼농사 지역은 자연스럽게 공동체 의식과 집단의식이 강하게 자리 잡게 된다. 벼농사는 옆에 있는 이웃과 사이좋게 지내지 않으면 지을 수 없다. 다른 말로, 이웃과 잘 지내지 않으면 생존을 위협받는 것이 벼농사 지역에서의 삶이다. 그래서 벼농사를 지으며 살았던 우리 할머니는 서울에 와서도 이웃들과 친밀한 관계를 유지하면서 생활하셨다.

얼마 전 시골 군청 공무원으로부터 들은 일화가 있다. 그에 따르면 도시 생활을 하다가 귀농한 사람이 가장 힘들어하는 것은 농사일 자체가 아니라 마을 주민과의 관계라고 한다. 어떤 사람이 귀농해서 처음에는 이웃과의 좋은 관계를 위해 어르신을 차로 병원에 모셔다드렸다고 한다. 그런데 얼마 후 다른 일로 바빠서 이웃 어른을 병원에 모셔다드리지 못하면서부터 이 사람은 버릇없는 사람으로 취급받고 배척을 당했다는 것이다. 귀농한 사람들은 도시인의 가치관을 가지고 있기에 가족의 경계가 직계 가족으로 제한적이다. 하지만 벼농사를 계속 지어 온 동네 사람들은 '이웃사촌'의 경계 범위가 넓다. 결국 그 귀농한 사람은 마을 주민들로부터 농사지을 때에도 물길을 내주지 않는 식의 왕따를 당하다가 도시로 돌아갔다고 한다. 예부터 동네 빨래터에서 나오는 '평판'과 '왕따'는 벼농사 사회를 유지하기 위한 시스템이라고 볼 수 있다. 따로 법정에 가서 시시비비를 가릴 필요도 없이 어떤 사람의 행위가 사회 유지에 옳지 못하다고 하면 인민재판식으로 여론을 몰아서 처벌하는 것이다. 벼농사 사회에서 사람들은 자신의 생존 확률을 높이기 위해서 이웃과의 관계를 잘 유지해야 한다. 21세기 대한민국 사회에는 아직도 그런 모습이 많이 남아 있다. 사람들은 인터넷 댓글 평판을 중요하게 생각한다. 우리 사회에는 '사촌이 땅을 사면 배가 아프다'는 속담도 있다. 이 속담의 배경 의식에는 강한 평등 의식이 자리 잡고 있는 것인데, 오래된 벼농사 생활이 만든 사회주의적 공동체 의식이 자리 잡아서라고 생각된다. 한국이 미국보다 자본주의를 쉽게 받아들이지 못한 것도, 중국, 베트남, 캄보디아같이 유독 동아시아에서 벼농사를 짓는 지역에 사회주의 국가가 많이 남아 있는 것도 같은 벼농사 사회에 있는 사회주의적 가치관이 깔려 있어서가 아닐까 생각된다. 물론 일찍이 서양 문화에 개방됐던 일본처럼 벼농사를 지으면서도 자본주의 산업화에 앞서 나간 경우도 있으니 그리 단순하게 생각할 문제는 아니다. 하지만 벼농사와 사회주의 공산 개념은 연관성이 없지는 않을 것 같다. 정리해 보면, 벼농사를 지었던 사람들은 농사짓는 방식 때문에 결속하고, 집단의식을 키우고, 주변인과 협업하도록 가치관과 시스템이 발달해 왔다.

반면 밀 농사는 씨 뿌리는 모습부터 다르다. 벼농사를 지을 때는 함께 줄을 맞추어서 모를 심지만, 밀 농사 지을 때는 땅 위를 혼자 걸어 다니면서 씨를 뿌린다. 집단으로 모여서 일하는 경우가 적다. 밀은 맨땅에서 자라고 물이 많이 필요하지 않고, 비가 집중호우 없이 적당히 고루 내리는 지역에서 농사짓기 때문에 관개수로를 만들 필요도 없다. 밀 농사는 벼농사에 비해서 서로 협력할 필요도 없고, 모여서 살 필요도 적다. 자연스럽게 밀 농사를 짓는 사람들은 관개수로 토목공사를 하고 집단 모내기를 하면서 벼농사를 짓던 사람에 비해 개인주의적인 성격이 만들어지게 된다. 벼농사 지역의 이혼율이 밀 농사 지역보다 매우 낮은 이유도 이와 같은 배경으로 설명하고 있다. 유럽 여행을 가면 자연 속에 오두막이 띄엄띄엄 있는 평온한 시골 풍경을 볼 수 있는 반면, 동양의 시골은 집들이 옹기종기 모여 있는 모습이다. 농사 방식은 마을의 풍경도 다르게 만들었다. 노동 방식이 문명의 성격을 결정지은 것이다.

혼자 씨를 뿌리는 밀 농사(위)와 함께 모내기하는 벼농사

3장. 농업이 만든 두 개의 세계

여러분은 '원숭이, 사자, 바나나'라는 단어를 두 그룹으로 묶으라면 어떤 것끼리 묶겠는가? 탈헬름 교수는 농사 품목이 가치관을 결정한다는 것을 증명하기 위해 재미난 실험을 진행했다. 그는 중국 한족 학생 1,162명을 상대로 '기차, 버스, 철길' 세 가지 중에서 같은 종류끼리 묶으라는 문제를 냈다. 중국은 대륙이 크기 때문에 중부와 남부 지역에서는 비가 많이 내려서 벼농사를 짓고, 북쪽으로 가면 비가 적게 내려서 밀 농사를 짓는다. 이 실험에서 중국 내 밀 농사를 짓는 지역 출신의 학생은 '기차와 버스'를 하나로 묶은 반면, 벼농사를 짓는 지역의 학생은 '기차와 철길'을 하나로 묶는 비율이 높게 나왔다. 벼농사를 짓는 지역의 사람들은 '철길 위를 달리는 기차'를 생각하면서 개체 간의 '관계'에 집중해 기차와 철길을 하나로 묶었고, 밀 농사를 짓는 지역에서는 관계가 아닌 각 개체가 가진 성질의 공통점을 찾아서 교통수단이라는 범주에 속하는 '버스와 기차'를 하나로 묶은 것이다. 같은 역사적 배경과 같은 유전자적 특징을 가진 같은 민족임에도 불구하고 농사 품종에 따라서 가치관의 차이가 만들어진 것이다.

    비슷한 실험으로 자신의 크기를 동그라미 그림으로 그리라는 질문에 벼농사 지역의 사람들이 밀 농사 지역의 사람들보다 자신을 나타내는 원을 작게 그렸다. 심리학자는 자신을 나타내는 원을 작게 그리는 것은 개인인 '나'보다는 '우리'라는 집단을 우선시하는 가치관이 반영된 것이라고 설명한다. 이 실험에서는 일본 사람들이 원을 가장 작게 그렸다고 한다. 같은 벼농사라고 하더라도 일본은 섬나라라는 제한적인 공간 내에서 다른 곳으로 갈 곳이 적기 때문에 지금 속한 집단이 절실하

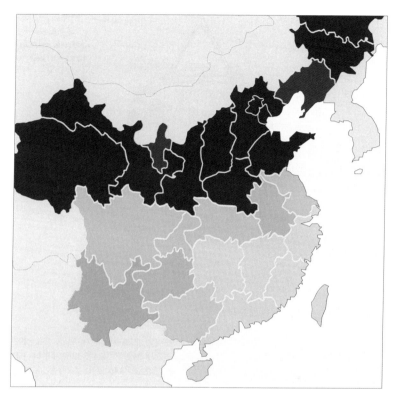

녹색이 진해지면 밀 농사 비율이 높고, 녹색이 연해지면 벼농사 비율이 높다. 양쯔강 북쪽은 밀 농사,
남쪽은 벼농사로 나눠진 것을 볼 수 있다.

게 필요했는지도 모른다. 그래서 더욱 더 집단 공동체를 중요하게 생각
하는 가치관이 만들어진 것이 아닐까 생각된다. 반대의 경우를 생각해
보면 밀 농사를 짓고 땅이 넓은 곳은 개인주의 성향이 강할 것이다. 대
표적인 사례로 미국을 들 수 있다. 미국은 성인이 되면 주로 부모님이

3장. 농업이 만든 두 개의 세계

안 계신 다른 도시로 이사를 간다. 전형적인 개인 독립적 성향이다. 앞서 살펴본 바와 같이 농사 방법은 가치관에 영향을 주어서, 벼농사를 주로 짓는 중국 중남부 지역과 우리나라, 일본, 동남아시아에서는 '관계'를 중요시하는 가치관이 만들어졌다.

앞에 던진 질문에서 '원숭이, 바나나'를 하나로 묶은 분들은 집단이나 우리를 중요시하는 벼농사 지역의 가치관을 가진 분이고, '원숭이와 사자'를 하나로 묶은 분들은 개인주의적 성격을 가진 밀 농사 지역의 가치관을 가진 사람이라고 볼 수 있다.

기후는 건축에도 영향을 미친다. 최초의 문명은 건조 기후대에서 시작되었다. 기원전 3500년경, 수메르 문명에 속한 우루크의 집들은 진흙 벽돌로 벽을 세워서 만들었고 지붕은 평평한 모양이었다. 비가 적게 내리기 때문에 지붕은 그다지 중요한 건축 요소가 아니었다. 대신 벽은 영역을 구분하고 지붕을 받치기 때문에 중요한 건축 요소였다. 주변의 외적으로부터 도시를 보호하기 위해서 거대한 성벽도 세워야 했다. 기원전 8500년경에 지어진 현존하는 가장 오래된 건축 유적물인 '괴베클리 테페'도 엄밀하게 보면 지붕은 없고 벽만 있는 건축이다. 이처럼 최초의 건축 요소는 '벽'이었다. 수메르의 문명과 건축 기술이 북서쪽의 유럽으로 전파되었는데, 이때 비가 적게 내리는 유럽의 밀 농사 지역에서는 자연스럽게 벽돌이나 흙을 이용한 벽 중심의 건축이 계승되었다. 바뀐 점이 있다면 유럽은 수메르의 건조 기후대보다는 비가 더 많이 내렸을 테니 지붕에 약간의 기울기를 두어서 빗물이 흐르게 하는 정도였다. 반면, 벽 중심의 수메르 건축 양식이 동쪽으로 전파되었을 때는 그 기술을 그대로 적용하기 어렵게 된다. 왜냐하면 극동아시아에는 장마철에 집중 호우가 내리기 때문이다. 집중 호우가 내리면 땅이 물러지게 되어서 벽돌 같은 무거운 재료로 만든 벽은 옆으로 넘어가 집이 무너질 수 있다. 따라서 동양의 일부 북쪽을 제외한 대부분의 지역에서는 건축 재료로 가벼운 목재를 사용해야 했다. 목재를 사용하게 되면 다 좋은데, 물에 젖으면 썩어서 무너질 위험이 있다. 그래서 땅과 만나는 부분에는 방수 재료인 돌을 사용하여 주춧돌을 놓고 그 위에 나무 기둥을 세웠다. 나무 기둥이 비에 젖으면 안 되기 때문에 처마를 길게 뽑아서 비에 맞지 않게 지붕 디자인을 했다. 그리고 짧

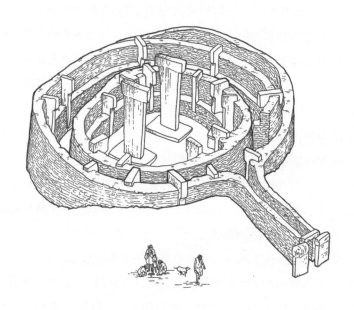

가장 오래된 건축 '괴베클리 테페' 상상도(위)와 현재 남아 있는 유적물

은 시간에 많은 비가 내리기 때문에 지붕의 경사를 급하게 만들어서 빗물이 잘 흐르게 했다. 돈이 많은 사람들은 지붕을 덮는 방수 재료로 흙을 구워서 만든 기와를 사용했다. 그런데 기와는 무겁기 때문에 지붕을 받치는 기둥이 더 굵어야 하고, 기둥 재료도 더 비싼 큰 나무를 써야 한다. 기와로 만든 지붕은 무겁고 기둥도 더 굵어져서 집이 전체적으로 더 무거워졌다. 주춧돌 같은 좁은 면적의 기초를 가지게 되면 기둥이 침하될 수 있다. 따라서 더 많은 무게를 땅으로 전달하기 위해서 더 넓은 기초가 필요하다. 이런 경우에는 더 많은 돌을 써서 넓은 기단을 만들고 그 위에 집을 지어야 한다(238쪽 아래 사진 참조). 기와를 사용하면 건축비뿐 아니라 토목공사비가 더 들어가야 한다는 얘기다. 그래서 돈이 많은 부자일수록 더 큰 주춧돌과 더 높은 기단을 가지고 있다. 그렇다면 조선 시대 때 가장 큰 주춧돌을 가진 건축물은 무엇일까? 왕이 사는 '경복궁'의 '경회루'다.

'경복궁' 안의 '경회루'. 돌기둥같이 긴 주춧돌 때문에 2층 건물이 되었다.

'경회루'의 주춧돌은 사람 키보다 커서 돌기둥처럼 보인다. 하지만 엄밀하게 말하면 돌기둥이 아니라 엄청 긴 주춧돌이다. 가장 높은 기단부 역시 '경복궁'에 있는 건물들이다. 기단부의 높이를 보면 건축주의 권력 양을 측정할 수 있다. 실제로 왕족은 돌을 3단으로 쌓은 기단을 만들 수 있었고 양반은 2단 이하로 만들어야 했다. 권력의 위계를 구분하기 위한 조선 시대 건축 법규인 것이다. 기단은 재력을 나타내는 척도다. 지금도 우리나라의 부잣집은 성북동, 한남동의 경사 대지에 높은 축대를 쌓은 집들이다. 현대 도시에서의 축대는 조선 시대 때 기단이라고 볼 수 있다. 봉준호 감독의 영화 <기생충>은 비, 기단의 높이, 권력, 건축 공간에 대해서 잘 그려 낸 사례. 영화를 보면 가난한 송강호 가족은 비가 오면 물이 차는 반지하에 살지만, 부자들이 사는 동네로 카메라가 옮겨지면 집들이 모두 거대한 축대 위에 올라간 모습으로 그려진 것을 볼 수 있다. 심지어 주인공 남자는 그 집 대문을 열고 계단을 한참 올라가야 마당과 현관문을 만날 수 있을 정도로 축대가 높았다.

과거에 무거운 돌로 기단을 만들 만큼 재력이 없었던 일반인들은 기단 없이 주춧돌만 두고 집을 지었고, 비싼 기와를 사용할 수 없었다. 대신 가을에 추수하고 남는 볏단을 재활용해서 지붕을 덮었다. 볏단은 기와보다 가볍기 때문에 볏단으로 지붕을 마감하면 지붕을 받치는 나무 기둥도 굵은 재료를 쓸 필요가 없다. 자연스레 주춧돌도 작은 것을 사용하면 된다. 같은 면적의 건축물이라도 초가지붕을 가진 건물보다 기와지붕을 가진 건물의 건축비는 기하급수적으로 늘어나기 때문에 엄청난 차이가 난다. 그래서 예로부터 동양에서는 기와집이 부의 상징이 된 것이다.

영화 <기생충>에서 보여 주는 축대 위에 있는 부잣집

영화 <기생충>에서 보여 주는 빗물에 잠기기 쉬운 반지하 집

3장. 농업이 만든 두 개의 세계

벼농사 지역과 밀 농사 지역의 건축은 다르게 발전해 왔다. 따라서 사람들이 공간을 이해하는 방식도 다르게 진화했다. 밀 농사 지역은 벽 중심의 공간이 만들어진다. 그런데 지붕을 받치고 있는 벽에 창문을 내려고 구멍을 크게 뚫으면 집이 무너진다. 그래서 창문의 크기가 작다. 게다가 유리가 대량 보급되기 전에는 창문을 유리창이 아닌 나무로 만든 문으로 가려야 했다. 유리창은 고딕 성당 같은 엄청나게 비싼 건축물에나 설치할 수 있었기 때문에 일반인들은 대부분의 시간 동안 집 안에서 창문으로 바깥 경치를 볼 수 없었다. 서양 건축의 대표적인 창문이라고 할 수 있는 고딕 성당의 스테인드글라스 역시 바깥 경치를 볼 수 있는 투명한 창문이 아니었다. 이런 이유에서 서양의 건축 공간은 내부와 외부가 벽으로 확연히 나뉘는 공간적인 성격을 가지게 되었다. 안에서 밖을 볼 일이 없으니 건축 디자인을 할 때에도 밖에서 건물을 바라보는 시점에 더 중점을 두고 디자인하게 된다. 이것이 서양 건축의 입면 디자인이 화려하게 된 이유다. 창문의 비율도 중요하고, 각종 조각으로 건축의 입면을 꾸몄다. 실내에 들어가서도 바라볼 경치가 없기 때문에 그림과 조각으로 실내를 과도하게 꾸몄다.

그에 반해 전통적인 동양의 건축은 입면을 디자인할 때 서양만큼 신경 쓰지 않았다. 동양의 건축물을 보면 건물의 입면을 차지하는 대부분의 요소가 지붕이다. 동양은 서양에 비해서 비가 많이 내리는 지역이기 때문에 방수를 하는 지붕이 가장 중요한 건축 요소였다. 비가 많이 내리니 빠른 배수를 위해서 지붕의 기울기가 급하다. 그러다 보니 앞에서 바라보면 지붕이 건물 입면의 많은 부분을 차지한다. 게다가 우

구조 역할을 하는 벽에 작게 뚫린 서양 건축물의 창문들. 나무 덧문이 달려서 바깥 경치를 볼 수 없다.

3장. 농업이 만든 두 개의 세계

리나라의 경우에는 난방 시스템이 무거운 돌로 만든 온돌이어서 2층 짜리 집이 없었다. 그래서 건물을 지으면 건물 입면에서 지붕이 절반을 차지한다. 지붕을 제하고 난 건축물의 입면은 그저 지붕을 받치기 위한 나무 기둥이 있을 뿐이다. 동양은 나무 기둥을 이용해서 건축되었는데, 기둥 구조는 지붕을 받치기 위한 벽이 필요 없다. 그러다 보니 기둥과 기둥 사이는 뻥 뚫린 개방감을 갖기 쉽다. 게다가 중국의 채륜이 발명한 종이가 있었기에 유리가 보급되기 훨씬 전부터 창문을 크고 가볍게 만들 수 있었다. 여름철 더울 때에는 통풍을 위해서 창문을 접어서 들어 올려 처마 밑에 걸기도 했다. 자연스럽게 벽이 없는 건축이 된다. 비가 오더라도 처마가 길게 가려 주기 때문에 창문을 열어 놓아도 비가 들이치지 않아서 창문을 열고 바깥 경치를 구경할 수 있다. 뿐만 아니라 처마 아래에는 툇마루를 만들어서 빗소리를 들으며 앉아 있을 수도 있다. 동양 건축에서는 이렇게 내외부의 경계가 모호한 공간감이 발달하게 되었다. 동양은 안에서 밖을 보는 일이 일상이었고, 집의 내부와 바깥 경치의 관계가 중요했다. 그래서 우리는 주변 경관과의 관계를 생각하면서 건축물의 배치를 결정한다. 안에서 밖이 어떻게 보이느냐가 건축 디자인의 중요한 결정 요인이 된 것이다. 그래서 우리는 풍수지리를 중요하게 생각한다. 주변이 보이기 때문에 건축에서 주변 상황 및 요소와의 관계가 중요하다. 건물의 뒤에는 산이 있어야 하고, 남쪽을 향해서 창이 열려야 하며, 남쪽으로 물이 흐르면 좋다. 뒤에 산이 있고 앞으로 강이 흘러야 대지가 자연스럽게 앞으로 기울어지게 되고, 그래야만 비가 와도 배수가 잘 돼서 땅의 침하가 적고, 습기가 적어서 나무로 만든 건축물이 오래 유지될 수 있다. 남쪽으로 기울어진 땅이어야지 단위 면적당 더 많은 햇볕을 받게 되고, 비가 온 후에도 땅과 건물이 잘 말라서 건축물이 더 잘 유지될 수 있다. 그래서 '배산임수'라는 풍수지리 원리가 나온 것이다. 기둥 중심의 건축으로 안에서 밖을 바라보는 건축 공간이다 보니 여러모로 주변과의 '관계'가 중요한 건축으로 발전했고, 이는 사람들의 사고방식에도 영향을 미쳤을 것이다. 벼농사를 지으면서 집단행동이 필요해져 사람 간의 관계에 무게를 두는 가치관이 형성됐다면, 건축을 통해서는 사람과 건축과 주변 자연환경과의 관계에 무게를 두는 디자인관이 발전하게 된 것이다.

전라남도 담양군의 소쇄원.
기둥으로 만들어져서 바깥 경치를 구경하기에 유리하다.

3장. 농업이 만든 두 개의 세계

동양에서 건축물이 자연을 바라보게 하는 프레임으로 작동한다면, 서양에서는 건축물 자체가 목적이 되는 건축이 되었다. 그래서 동양에서는 오랜 시간 동안 존속되는 건축물이 적은 것이다. 잘 썩는 목재라는 재료 자체의 제약도 있지만, 무엇보다도 건축물 자체가 목적이 되지 않기 때문이다. 그래서 극동아시아에서는 '피라미드'나 '하기아소피아 성당' 같은 거대한 크기의 덩어리를 갖는 건축물이 적다. 대신 건축물 안에서 바깥 경치를 구경하기 좋은 건물은 많다. 그런 의미에서 외국인들에게 경복궁의 진정한 가치를 느끼게 해 주려면 '근정전'이나 '경회루'를 밖에서만 바라보게 해서는 안 된다. 안에서 바깥 경치를 보게 해 줘야 우리 문화의 진수를 제대로 전달할 수 있다. 우리 선조들은 안에서 밖을 바라보는 것을 중요하게 생각했기 때문에 처마에 예쁘게 색칠한 단청을 만든 것이다. 창문 밖으로 경치를 보았을 때 시야에서 윗부분을 프레임하는 것이 서까래와 처마다. 처마 부분은 외부 자연 경관을 담는 액자의 프레임이니, 장식이 들어간다면 이 부분에 했어야 했던 것이다. 재미난 것은 단청을 구성하는 색깔이다. 우리나라는 특이하게 대부분이 녹색 계통이고 강하게 보색이 되는 자줏빛을 사용한다. 이 색깔은 일본이나 중국과는 다르다. 그 이유는 자연을 더 확장돼 보이게 하려는 의도로 추측된다. 여름철에 처마에 서서 주변 산을 바라보면 자줏빛은 나뭇가지처럼 보이고, 녹색은 나뭇잎으로 보여서 주변 풍경이 연속되어 건축물의 일부가 된 것 같은 착각이 들게 한다. 이런 관점에서 보면 우리나라 단청이 왜 그렇게 명도가 높은 색상으로 된 것인지도 이해가 된다. 처음에 서양인의 시점으로 건물을 밖에서 바라보면 단청의 채도

불국사의 단청

가 너무 눈에 띄게 높아서 거슬린다. 그러나 안에서 밖을 바라보게 되면 이해가 된다. 어두운 실내에서 밖을 보면 자연은 밝고 처마 부분은 그림자가 져서 어둡게 된다. 이때 녹색과 자줏빛을 채도가 낮은 차분한 톤으로 칠하면 그림자 진 상태에서 칙칙해 보이고 자연과 건축의 경계가 명확해진다. 하지만 우리나라 단청 색깔처럼 채도가 높은 밝고 선명한 톤으로 칠하면 단청이 그림자에 들어가 있어도 밝은 바깥 경치와 연결돼 보인다. 나는 이런 경험을 불국사의 어느 처마 밑에서 할 수 있었다. 단청의 색깔만 보더라도 우리 선조들은 자연과 건축물의 경계가 모호해지고 건축물이 자연에 흡수되기를 바랐던 것 같다. 그리고 이 모든 것은 건물 외부에 있는 객관적인 제3자의 시각이 아니라, 내부에 있는 사람의 1인칭 시점에서 디자인적 판단을 내렸음을 알 수 있다.

강수량의 차이는 농업 품종의 차이를 만들고, 품종의 차이는 농사 방식의 차이를 만들고, 농사 방식의 차이는 가치관의 차이를 만들었다. 마찬가지로 건축에서 동서양의 강수량 차이는 건축 디자인을 각기 다른 방식으로 발전시켰고, 건축 공간은 행동 방식에 영향을 미쳤다. 그리고 행동 방식은 궁극적으로 사람의 생각에도 영향을 미쳤다. 서양은 밀 농사의 혼자 농사하는 방식에 따라 개인주의 성향이 커졌고, 외부와 단절된 창문 없는 벽 중심의 건축으로 바깥과 교류가 적은 성격의 공간으로 발전했다. 건축물 역시 독립된 개별적인 건축물이 중요하게 여겨지는 '건축적 개인주의'가 발전했다. 반면 벼농사는 집단 농사 방식으로 사람 간의 관계가 중요한 가치였으며, 많은 강수량 때문에 사용하게 된 재료인 목재를 이용한 기둥 중심의 건축 양식은 외부 자연 환경과의 관계를 중요하게 생각하는 생활양식으로 발전되었다. 강수량 차이로 인해서 서양은 독립된 개인이 중요한 사회가, 동양은 관계를 중요시하는 사회가 되었다. 두 문화의 서로 다른 사고방식을 조금 더 비교해 보자.

수학의 발달은 농업과 함께했다고 볼 수 있다. 수렵 채집의 경우 사냥이나 채집을 하면 그대로 소비해야 한다. 냉장고가 없던 시절이기에 사냥감을 나눠 먹어야 했고 자연스럽게 원시 사회주의가 자리 잡았던 시절이다. 그런데 농업이 시작되면서 잉여 수확물을 저장하게 되었다. 수렵 채집 시기에 사냥하러 나갈 때마다 잡아 오는 동물은 들쭉날쭉하다. 어떤 때는 큰 사슴을 한 마리 잡기도 하고 어떤 때는 토끼를 여러 마리 잡을 수도 있다. 열매를 채집해 와도 매일 매일 품종이 다르고 개수도 다르다. 수렵 채집의 경제 활동은 개수를 세어서 정량화된 숫자로 측정하거나 평가하기 어렵다. 그러나 농사는 다르다. 밀은 밀알이라는 같은 크기의 최소 단위를 가지고 있고, 일정한 부피를 측정할 수 있는 나무틀이나 자루에 담으면 정확하게 수량을 파악할 수 있다. 따라서 본격적으로 수의 개념이 생겨날 수 있다. 농업을 하게 되면서 한자리에 머물러 살게 되어 가축을 키우는 목축업도 같이 발달했다. 농업이 몇몇 품종을 선택해서 대량 생산의 생태계를 만든 것이라면 목축업은 몇몇 종의 동물을 집중해서 배양해 키우는 방식이다. 소, 양, 염소, 토끼같이 몇 종류 안 되는 품종을 키우기 때문에 가축들의 숫자를 세어서 재산을 정량화하기 편리하다. 학창 시절 우리를 괴롭혔던 수학이 이때 태동한 것이다. 일상에서 수를 많이 접하는 사람들은 농사꾼보다는 상인들이다. 사고파는 일을 하는 상인들은 숫자로 먹고사는 사람들이다. 장사는 서로 다른 물건을 가지고 있을 때 이루어진다. 동양과 서양은 다른 문화권으로, 다른 물건을 만들었다. 2천 년 전쯤 지구상에서 가장 큰 도시는 로마 제국의 로마와 중국의 장안성이었다. 이 두 도시 사이의 무역이 '실크로드'다. 이름대로 중국의 비단을 로마에 팔았던 상인의 길이다. 따라서 자연스럽게 동양과 서양의 중간 지대에 위치한 중동 지역은 상업이 발달할 수밖에 없었다. 그래서 우리가 지금 사용하는 숫자의 십진법은 인도에서 개발되었지만 중동 아라비아의 상인들이 많이 사용해서 아라비아숫자라고 불리게 되었다.

수학 중에서도 기하학은 이집트 지역에서 발달했다. 학자들은 천문학과 기하학이 이집트에서 발달한 이유가 나일강의 범람 때문이라고 말한다. 나일강 하구에 위치한 이집트 문명은 일 년에 한 번씩 반복된 범람을 경험했다. 주기적으로 일정한 시간이 지나면 홍수가 나니 자연스럽게 시간의 순환에 대해서 생각하게 되었다. 나일강이 범람하는 시기를 예측하는 것은 그들에게 있어 생사가 달린 문제였다. 홍수가 나는 시기를 모르면 농사도 못 하고 수몰될 수 있기 때문이다. 상상을 해보자. 홍수가 나는 시기를 예측해야 하는데 방법이 없었다. 계속해서 물에 잠겼다가 빠지는 땅은 변화를 알아내는 데 이용할 기준이 될 수 없었다. 그래서 물에 잠기지 않는 하늘을 바라보았다. 별의 위치를 보면서 별자리의 형태가 특정한 모습이 되었을 때 홍수가 난다는 사실을 발견했다. 이제는 별자리를 통해서 홍수 시기를 예측할 수 있게 되었고, 자연스럽게 천문학이 발달했다. 한 번 범람하고 나면 땅에 그었던 토지의 경계선이 다 지워져서 어디까지가 누구 땅인지 알기 어렵다. 범람이 잦아든 후 매년 토지 구획을 하다 보니 자연스럽게 측량술과 기하학이 발달했다. 이렇게 메소포타미아와 이집트 지역에서 발달한 수학과 기하학은 그리스로 전파되어서 피타고라스학파 형성에 토양을 제공한다.

서양에 많은 사상가가 있지만 그중에서도 후배들에게 특히 많은 영향을 끼친 사람은 피타고라스다. 그는 고대 지식인들의 성지라고 불린 밀레토스에서 가까운 작은 섬 사모스에서 태어났다. 피타고라스는 섬에서 태어난 사람이지만 당시로서는 엄청나게 먼 거리라고 할 수 있는 중동 지역까지 여행을 했다. 중동 여행의 경험과 당시 그리스의 문화적 패러다임이 피타고라스를 수학자로 만들었을 것이다. 그는 "수가 형태와 사고를 지배한다"는 말을 남겼는데 이는 이후 서양의 생각에 지대한 영향을 끼친다. 우리는 지금 피타고라스를 수학자로 이해하지만 당시의 피타고라스는 수학자 겸 종교 지도자였다. 피타고라스학파 사람들은 집단생활을 했고, 내부적으로 지식을 공유했던 특이한 집단이었다. 피타고라스는 음계를 수학적으로 정의 내린 것으로도 유명하다. 첼로 같은 현악기에서 특정 줄의 음을 낸 후에 그 줄 전체 길이의 2분의 1 지점을 손가락으로 누르고 소리 내면 두 소리가 화성적으로 조화를 이룬다. 3분의 1 지점을 누르고 소리 내도 화성적으로 조화를 이룬다. 이 음이 우리가 초등학교 때 배운 '완전 5도'다. 우리가 음악에서 듣기에 아름답다고 느끼는 것을 숫자로 규명한 사람이 피타고라스다. 흥미로운 부분은 피타고라스 이후 초기의 사상가들이 수학을 대하는 자세의 차이다. 서양의 모든 사상가가 처음부터 수학을 생각의 중심에 둔 것은 아니었다. 소크라테스는 수학을 좋아하지 않았던 대표적인 사람이다. 그는 질문하고 답하는 '산파술'이라는 대화 기법을 통해서 이야기를 풀어나가는 전형적인 문과생이다. 그는 수학을 멸시했다. 그런데 그의 제자인 플라톤은 다르다. 플라톤은 20대에 스승인 소크라테스가 억울하게 모함을 받아 독배를 마시고 세상을 떠난 후 여러 나라를 여행하면서 유명한 수학자들과 친교를 나누었는데, 키레네(현 리비아 동부) 출신 고대 그리스의 수학자 테오도로스로부터 기하학을 배웠고, 이집트에서는 피타고라스학파 사람들과 사귀었다. 이에 따른 영향으로 그는 수학을 멸시했던 소크라테스와는 반대로 수학을 사랑하게 되었다. 하지만 피타고라스의 신비주의적인 종교적 색채는 받아들이지 않았다. 플라톤은 피타고라스의 종교적인 부분을 삭제하고 수학적으로 세상을 바라보려는 관점만 받아들였다. 플라톤은 "수학은 세계를 이해하고 기술하는 최적의 언어다."라고 말했다. 또한 그는 원자가 정사각형이나 정삼각형같이 기하학적이라고 믿었다. 플라톤은 원소인 물, 불, 흙, 공기가 모두 3차원 기하학 도형이라고 믿었는데, 흙은 정육면체, 공기는 정팔면체, 물은 정이십면체라고 믿었다. 문과생 소크라테스와 달리 플라톤은 다분

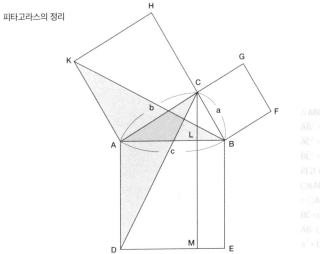

피타고라스의 정리

△ABC에서
$\overline{AB}^2$ = □ADEB
$\overline{AC}^2$ = □KACH
$\overline{BC}^2$ = □CBFG
라고 하면
□KACH + □CBFG
= □ADEB가 되고,
BC=a, AC=b,
AB=c라고 하면
$a^2 + b^2 = c^2$으로 된다.

히 이과생이라 할 수 있다. 플라톤은 인류 최초의 고등 교육 기관인 아카데메이아를 설립해서 정치학, 윤리학, 형이상학, 인식론 등 많은 철학적 논점에 대해서 가르쳤는데, 특이한 점은 이 학교에는 수학에 기초가 없는 사람은 입학시키지 않았다는 점이다. 이 학교 입구에는 "기하학을 모르는 자는 이곳에 들어올 수 없다"라는 구절이 적혀 있었다. 현대 양자 이론의 대가인 카를로 로벨리의 저서 『보이는 세상은 실재가 아니다』에 의하면 플라톤은 수학을 공부한 제자들에게 '하늘에서 보이는 천체의 움직임을 지배하는 수학적 법칙'을 발견할 수 있겠는지 물어 보았다고 한다. 플라톤의 이 제안을 받아들여서 플라톤 학파의 에우독소스Eudoxos(BC 400?~BC 350?)가 연구했고, 여러 학자를 거쳐서 프톨레마이오스Ptolemaeos(83?~168?)에 의해서 완성되어 비로소 수학적인 천문학 체계가 시작되었다.

어찌 보면 플라톤은 소크라테스의 철학과 피타고라스의 수학이 만나서 만들어진 '변종 사고'라 할 수 있는데, 수학적 사고가 그의 철학에 미친 영향은 '이데아'의 개념으로 나타났다고 볼 수 있다. 플라톤 철학의 정수로 평가받는 『국가론』 7권의 '동굴의 우화'를 보면 플라톤 철학의 중심 사상이라 할 수 있는 '이데아'설이 나온다. 그 이야기를 좀 살펴보면, 현실에 사는 사람들은 태어나면서부터 손과 발이 벽에 묶여 있고 목도 묶여 있어서 뒤나 옆은 못 보고, 앞만 볼 수 있게 되어 있다. 그 사람은 머리 뒤쪽에 있는 횃불로 인해 만들어진 동굴 벽에 비친 '이데아 세계의 그림자'만 볼 수 있는 것이다. 플라톤은 이처럼 우리는 실체를 볼 수 없고 이 세상에서 나타나고 있는 모든 현상은 이데아의 그림자에 불과하다고 보고 있으며, 우리의 오감을 통해서 인식하는 것은 그 본

플라톤이 상상했던 원자의 모습

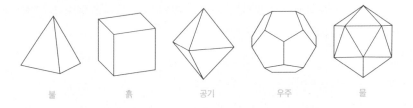

불   흙   공기   우주   물

프톨레마이오스가 지구를 중심으로
태양과 행성들이 각각의 주기를 가지고
움직이는 모습을 표현한 기하학적 그림

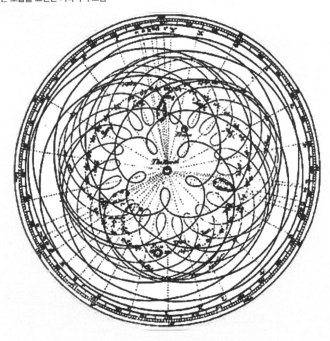

질인 이데아의 현상일 뿐 실체는 아니라고 한다. 그리고 인간은 철학적 이성을 통해서만 우리가 볼 수 없는 본질인 이데아를 이해할 수 있다고 말한다. 플라톤의 머릿속에 있는 이데아 같은 관념적 완전성은 수학적 사고에서나 가능하다. 자연 속에는 완전한 기하학이란 존재하지 않는다. 동그랗게 보이는 지구도 적도가 부풀어 오른 타원의 형태를 띠고 있고, 지구는 둥그런 구 형태이기 때문에 땅에 그려진 삼각형도 사실은 완전한 직선의 삼각형이라 할 수 없다. 그럼에도 우리는 내각의 합이 180도인 삼각형을 우리의 머릿속에서 상상하여 인식한다. 그리고 원이란 한 점에서 같은 거리의 점들을 연결한 선이라는 개념으로 정리한다. 이러한 수학적 개념은 다분히 현실 세상에서는 실존하지 않는 완전성이다. 이러한 수학의 완전성은 이데아의 개념적 완전성과 일맥상통한다. 플라톤은 개념상 온전한 세상인 이데아를 상상하고 그것을 이해하기 위해서는 철학적 이성이 필요하다고 얘기했다. 여기서 말하는 철학적 이성에는 수학적 사고도 포함될 것이다. 이렇게 '완전한 이데아 + 이성(수학)을 통한 탐구'는 유럽 정신세계의 기초가 되었다.

서양 문화의 근간을 이루는 형이상학적 완전성과 수학에 근거한 사고는 이집트에서 시작해 피타고라스와 플라톤에 의해서 구체화되고, 프톨레마이오스에 의해서 비로소 눈에 보이는 세상의 움직임을 수학적으로 분석해서 보는 시각을 갖기 시작했다. 우주를 이제 수학으로 설명하는 세상이 열린 것이다. 카를로 로벨리에 따르면 고대 그리스 최고의 지성으로 꼽히는 사람은 데모크리토스Democritos였다고 한다. 데모크리토스가 쓴 책만 61권에 다다른다. 주제도 『대우주론』, 『소우주론』, 『맛에 관하여』, 『영혼에 관하여』, 『감각에 관하여』, 『그림에 관하여』, 『농업에 관하여』,『전략론』,『윤리적 논점들』,『이름에 관하여』등 스펙트럼이 거의 인간 지성의 모든 부분을 포함한다. 레오나르도 다빈치조차 명함도 못 내밀 정도다. 그런데 안타깝게도 로마 시대를 거치면서 그의 생각은 완전히 소실되었다고 한다. 그의 생각을 공부했던 플라톤이나 아리스토텔레스 같은 학자들의 책에 그 내용이 언급되면서 추측해 볼 수 있을 정도로만 남은 상태다. 로벨리는 고대 최고의 지성이 완전히 없어진 이유가 정치적인 것 때문이라고 말한다. 데모크리토스는 21세기의 과학자들과 아주 유사한 사고 체계를 가졌다. 다른 말로 하면 무신론자고, 이성을 중시하며 신비함을 배척하는 사고 체계인 것이다. 그런데 로마가 국교를 기독교로 삼으면서 그의 무신론적 사고는 배척의 대상이 되었다. 그의 생각은 대가 끊기게 된 반면, 플라톤은 이데아 같은 이상향을 설정함으로써 신이 존재 할 수 있는 가능성을 열어 놓았고 아리스토텔레스는 자연과 세계 곳곳에 신이 깃들어 있다고 믿었다. 이 둘은 방식이 약간 다르지만 어쨌든 신의 존재를 인정하는 사상이다. 따라서 플라톤과 아리스토텔레스의 사상은 기독교를 국교로 삼은 로마 시대에도 살아남을 수 있었고, 이후 서양 사상의 근간이 되었다. 플라톤과 아리스토텔레스의 공통점은 이성을 중요하게 생각했다는 점이다. 플라톤은 수학으로 세상의 움직임을 보고 싶어 했고, 아리스토텔레스도 인간은 이성을 잘 개발하면 가장 좋은 상태까지 이를 수 있다고 믿었다. 이 두 사람의 영향으로 서양의 문화는 수학을 통해서 완전하고 형이상학적인 '신神'의 가치를 추구하게 된다. 로마가 이끄는 기독교 시대에도 살아남은 플라톤과 아리스토텔레스의 그리스 철학은 기독교와 보이지 않게 많은 영향을 주고받으면서 로마라는 제국의 확장과 함께 유럽 전역으로 퍼져 나갔다. 그러면 함께 퍼져나간 기독교와 그리스 철학의 관계를 한번 살펴보자.

성경은 구약과 신약으로 나누어지는데, 구약은 천지 창조부터 예수 탄생 이전까지의 시간을 다루고 있고, 예수 탄생 이후의 시간은 신약에서 다루고 있다. 예수 이전의 유대교는 중동 지역 이스라엘 민족의 토속 신앙에 불과했다. 이들은 자신들이 하나님 여호와로부터 선택받았으며 기본적으로 구원받는 길은 이스라엘 민족으로 태어나는 길밖에 없는 폐쇄적인 종교였다. 여기에 예수 그리스도가 기존의 유대교에 대한 여러 가지 파격적인 비판을 하면서 구원에 대한 정의를 새롭게 바꾸었다. 이에 불만을 가졌던 전통 유대교 지도자들은 예수를 십자가형으로 처형한다. 제자들은 십자가 처형 3일 후에 예수가 부활하고 승천했다고 믿었다. 그리고 그 이야기는 기독교의 근간이 된다. 그런데 당시 베드로를 필두로 한 예수의 제자들은 예수를 믿고 구원받는 것이 이스라엘 민족에게만 해당되는 메시지라고 생각했고 다른 민족들에게는 예수의 이야기를 전파할 생각을 하지 않았다. 이에 반기를 들고 예수를 이스라엘 민족 이외의 이방 민족에게도 전파해야 한다고 주장한 사람이 바울이다. 이는 엄청난 변화다. 예수를 믿는 종교가 로마와 함께 퍼져서 아메리카 대륙을 거쳐 대한민국까지 올 수 있었던 것은 바울이라는 사람이 있었기 때문이다. 그래서 혹자는 기독교는 예수가 시작하고 바울이 완성했다고 말하기도 한다. 그만큼 유대의 민족 종교에 머물렀던 국지적 종교인 기독교를 국제적인 종교로 만든 사람이 바울이다. 이처럼 기독교 교리의 기틀을 잡는 작업은 사도 바울Paulus(10~67)에 의해서 시작되었는데, 그 과정 중에 이스라엘 히브리적인 종교가 그리스 문화의 기틀 위에서 다시금 재편되었다. 그리스 문화의 영향을 받은 이유는 바울의 출신 배경 때문이다. 바울은 길리기아 다소 지방에서 태어났다. 다소는 현재 터키 남부와 시리아의 국경 근처에 있는 도시다. 이 지역은 북쪽에 있는 그리스식 헬라 문화와 남쪽에 있는 이스라엘식 히브리 문화가 만나는 지역이다. 그래서 그는 히브리적 사고와 헬라적 사고의 영향을 동시에 받으면서 자라났다. 요즘 말로 치면 미국에 사는 한국 교포같은 느낌이다. 바울은 당시로서는 이스라엘 최고의 지성이라고 할 수있는 가말리엘 랍비에게서 교육받았다. 가말리엘은 유대교 지도자가예수에 대해 전하는 제자들을 죽이자고 이야기할 때 반대했던 랍비다. 그는 예수가 하나님의 아들이라면 예수의 십자가 처형은 죄를 짓는 것이 되고, 만약에 예수가 하나님의 아들이 아니라면 민중의 동요는 자연스럽게 사라질 것이라는 논리로 사람들을 설득했던, 당대에 존경받는선생이었다. 그런 랍비 아래에서 최고의 교육을 받은 사람이 바울이다. 그는 가장 엄격한 율법 규율을 지키는 바리새 집안에서 태어나 부유한집안 환경에서 자랐다. 그가 훗날 전도 여행을 다닐 때에 텐트를 만들면서 여행 경비를 벌었다는 것으로 미루어 보아 신학자들은 그의 집안이텐트를 만들어서 파는 사업을 하지 않았을까 생각한다. 중동 지역은 텐트를 치고 이동하면서 사는 유목민이 많은 지역이기 때문에 텐트를 만들어서 파는 바울의 집안은 돈을 많이 벌었을 것으로 추측된다. 예수의다른 제자와는 다르게 바울은 나중에 순교할 때에도 로마에 가서 재판받았고 십자가형이 아니라 참수형으로 죽음을 맞이한다. 그 이유는 바울이 로마 시민권자였기 때문인데, 로마 시민권자에게는 십자가형 같은 극단적인 처형이 허용되지 않았다. 당시 로마 시민권자는 상당한 특혜를 받는 신분으로, 그러한 신분을 유대인으로서 가질 수 있었다는 것을 보면 바울의 집안이 대단한 부잣집이자 영향력 있는 집안이었을 것으로 추측된다. 그래서 바울은 누구보다도 엘리트 의식이 강했었던, 지금으로 치면 금수저였다. 그는 교육적 배경이나 출생 배경 때문에 유대어와 그리스어에 모두 능통해서 훗날 그리스 지역으로 전도 여행 중 그리스 철학자들과 논쟁을 벌일 정도였다. 그런 바울이 『신약 성경』의 절반 정도를 썼다. 그가 쓴 로마에 있는 교인들에게 보내는 편지인 「로마서」를 비롯한 각종 편지글은 기독교의 교리를 잘 정리해 주고 있다. 예수는 갈릴리 지방의 목수 출신으로, 예수의 제자들 중 제대로 교육받은 사람은 드물다. 수제자인 베드로를 비롯한 열두 제자 중 여럿이 어부였고, 누가는 의사였고, 마태는 세금을 걷던 세리였다. 예수의 가르침을 체계적이고 이론적으로 정리할 사람은 바울이 유일했을 것이다.

바울은 예수 생전에 함께 다니던 제자가 아니다. 그의 직책은 '사도'여서 사도 바울이라고 불린다. 사도는 '파견된 무리' 혹은 '~에게 사용되는 무리'라는 뜻으로 당시에는 예수를 직접 만났던 사람만이 받을 수 있는 직책이었다. 그의 이름은 원래 '큰 자'라는 뜻의 히브리식 이름 '사울'로, 예수를 믿는 자들을 잡아넣던 사람이었다. 그러다가 기독교인들이 지금의 시리아에 있는 북쪽의 다마스쿠스로 도망갔다는 이야기를 듣고 따라가다가 길에서 부활한 예수를 만난 후 마음이 반대로 바뀐 사람이다. 그리고 이후 '작은 자'라는 헬라식 이름 '바울'을 사용했다. 바울 자신은 부활한 예수를 만났으니 사도라는 직책이 합당하다고 주장했으나 초기에 대다수 사람은 이를 인정하지 않았다. 이런 배경 때문에 처음에 제자들은 사도 바울을 신뢰하지 않았고 갈등도 많았다. 예수의 제자들은 갈릴리 지방 출신의 어부들이 대부분이었다. 지역적인 상황을 우리나라 경우에 비유하자면, 예수는 서울 수도권 지역에서 태어나 부산에서 목수 일을 하던 사람이고, 예수의 제자들은 사투리를 강하

3장. 농업이 만든 두 개의 세계

게 쓰는 부산 지역 어부 출신들인데, 바울은 성공한 미국 교포 사업가의 아들로 서울의 명문대에 유학 온 사람인 셈이다. 제자들과 사도 바울 사이에 갈등이 있었을 것은 당연해 보인다. 게다가 부산과 서울만 알던 제자들과 달리 바울은 해외파 출신으로, 넓은 세상과 그리스와 로마를 제대로 알았던 사람이다. 그는 내수 기업 수준의 유대교를 수출 기업 수준으로 만들어야 한다고 믿었던 사람이다. 그런 바울이 예수의 가르침을 정리하면서 국제적인 종교로 나아갈 수 있는 교리적 기틀이 만들어졌다. 바울은 히브리 고등 교육을 받았고 동시에 출생 지역 배경상 그리스 헬레니즘의 영향을 받은 유대인이었기에 교리 정립 과정에서 기독교 교리에 그리스 철학의 사고가 영향을 미치지 않을 수 없을 것이다. 바울 이후에 성 어거스틴St. Augustine(354~430)이 기독교 교리를 완성했는데, 그는 초대 기독교의 교리를 정리할 때 플라톤의 이론을 기초로 하여 작업했다. 그런 배경 때문에 기독교와 플라톤 철학 사이에는 여러 공통 요소를 찾을 수 있다. 가장 큰 공통점은 가장 중요한 복음서로 평가받는, 제자 요한이 작성한 「요한복음」의 한 구절에 나온다.

> "태초에 말씀이 계시니라 이 말씀이 하나님과 함께 계셨으니 이 말씀은 곧 하나님이시니라. 그가 태초에 하나님과 함께 계셨고 만물이 그로 말미암아 지은 바 되었으니" (요한복음 1:1~3)

> "말씀이 육신이 되어 우리 가운데 거하시매" (요한복음 1:14, 개역개정)

성경의 첫 번째 장인 창세기를 보면 1장에 하나님이 말씀으로 세상을 창조하셨다고 나오는데, 그 구절 속의 '말씀'이 헬라어로 '로고스

(logos)'다. 이 로고스가 마리아의 몸을 통해서 세상에 육신을 가지고 태어난 분이 예수라고 기독교는 말한다. 그리고 그 예수를 통하지 않고는 천국에 이르지 못한다는 것이 기독교의 가장 중요한 교리다.

"예수께서 이르시되 내가 곧 길이요 진리요 생명이니 나로 말미암지 않고는 아버지께로 올 자가 없느니라" (요한복음 14:6, 개역개정)

로고스를 통해서 천국에 가야 한다는 얘기다. 다시 정리하면 '말씀(로고스) = 예수 = 천국에 이르는 길'이라는 공식이 나온다. 따라서 '천국 가는 길 = 로고스' 즉, 천국에 가는 길은 로고스라는 말이다. '로고스'의 사전적 의미를 가톨릭 사전에서 찾아보면 다음과 같다.

"그리스도교와 고대 철학 사이의 접촉을 담당한 중심적인 하나의 학문적 개념. '로고스'의 개념은 '말한다'는 그리스어로부터 나온 말인데 여러 가지 뜻으로 사용된다. ① 그리스도교 신학에선 삼위일체의 제2위 곧 '예수'를 가리키며, '하느님의 말씀'을 뜻하고, ② 철학적으로는 그리스철학의 경우, 만물을 이성적으로 관철하여 지배하는 법칙, 스토아학파의 경우는 숙명적 필연적으로 사람을 지배하는 이법(理法) 즉 신을 말한다. 예를 들면, 헤라클레이토스의 우주의 모든 것을 지배 규제하는 우주이성(宇宙理性), 스토아학파의 우주혼(宇宙魂), 필로(Philo)의 신과 세계와의 중간체(中間體), 헤겔의 절대이념(絶對理念) 같은 것인데, 체제 속에 깃들어 있는 이념이며, 그 체제를 뜻있는 것으로 하는 것이 바로 로고스다. ③ 이성적인 지능에서 출발하여 표현된 여러 활동을 통틀어 로고스라고 지칭한다. 말로써 표현된 의미 개념, 이론 또는 사상 내용을 가리키는 말인데, 때로는 유기적인 생명 또는 도덕적인 태도 즉 그리스어 ethos와 대립되는 사상 혹은 이념의 범위 전체를 가리키는 경우가 있고 ④ 일반적으로는 흔히 말·의미·이유·논리·이성(理性) 따위를 가리키는 뜻으로 사용되고 있다."

단어의 풀이를 살펴봤을 때 흥미로운 점은, 로고스라는 한 단어 안에 '논리적 이성'과 '예수'라는 뜻이 공존한다는 것이다. 기독교 사상과 그리스 철학에서 '천국 = 이데아', '예수 = 로고스(이성)'로 놓고 문장에 대입하면 말이 되는 문장이 완성된다. '예수를 통해서 천국에 간다'라는 말은 '이성을 통해서 이데아에 이른다'와 본질적으로 같은 내용의 다른 표현이다.

그리스 철학과 기독교는 둘 다 절대적인 진리의 세계가 있는 것으로 보는 공통점이 있다. 때문에 그 둘을 바탕으로 한 서양의 사고방식에는 절대 진리의 세계가 있으며, 그곳에 이르는 길은 이성적이고 논리적인 길에 의해서만 가능하다는 개념이 깔려 있다. 이 같은 사고방식이 있었기에 수학이 서양 문화에서 큰 영향력을 갖는 학문으로서 위치할 수 있었고, 그 토대 위에서 과학혁명이 가능했던 것이다. 수학의 대표 주자 피타고라스는 철학을 뜻하는 'philosophic'이라는 말과 우주를 뜻하는 'Kosmos'라는 말을 처음으로 사용한 사람이다. 피타고라스와 그의 학파는 현악기에 있는 줄의 길이와 음정의 관계를 처음으로 연구했는데, 그 이유는 만물의 아름다움에 수학적 해석이 있을 거라고 믿었기 때문이다. 수학이 아름다움을 만든다는 믿음이 시각적으로 적용이 된 것이 '황금 비율'이다. 피타고라스 이후 플라톤은 자신의 철학을 정립하는 과정 중 피타고라스학파의 영향을 받았고, 이후 유클리드는 피타고라스와 플라톤의 생각을 기반으로 『기하학 원론Elements of Geometry』을 쓰게 된다.

이와 같은 경로를 통해서 '정량적 하모니', '숫자', '이성', '기하학'은 서양 문화의 키워드로 자리 잡게 되며, 수학이 서양 문화 전반에 지대한 영향을 미치게 되었다. 수학을 통해서 완전한 진리에 도달할 수 있다는 세계관은 건축의 빈 공간에 나타나 있다. 이집트 '피라미드'부터 근대 이전까지 서양의 종교 건축물의 공간 구성은 기하학적이고 수학적인 분석에 의해서 설계되어 왔다. 예를 들어서 '판테온'의 빈 공간의 평면과 단면의 모습은 원이다. '하기아소피아'의 건축 공간 역시 여러 개의 원 조합으로 분석 가능하다. 서양 종교 건축 공간의 기하학적 특징은 잠시 후에 더 살펴보도록 하고, 이제 벼농사를 짓는 동양 사람들의 사고방식을 살펴보자.

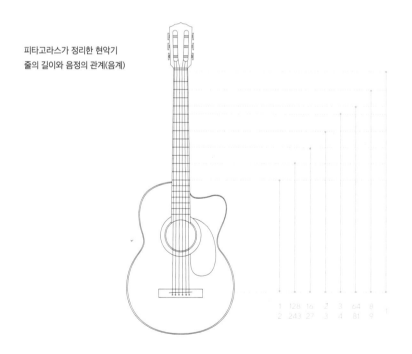

피타고라스가 정리한 현악기
줄의 길이와 음정의 관계(음계)

판테온Pantheon(로마, 118-128)

하기아소피아Hagia Sophia(이스탄불, 532-537)

밀 농사를 짓는 서양에서 수학이라는 논리 위에 객관적이고 절대적인 가치관이 만들어져 가는 동안, 벼농사를 짓는 동양에서는 '관계'를 중요시하는 상대적인 가치관이 만들어져 가고 있었다. 이 사실은 앞서 벼농사 지역의 사람들은 요소들 간의 관계에 중점을 두고 '기차와 철길'을 하나로 묶는다는 실험 결과를 통해 확인할 수 있었다. 두 문화권은 여러 가지 분야에서 차이점을 보이는데, 우선 이상향의 공간적 개념에서 나타나는 차이를 살펴보자. 서양 기독교에서의 이상향은 천국이며 천국은 우리가 죽어야만 갈 수 있는 다른 차원의 공간이다. 이는 마치 이데아에 절대로 가지 못하는 동굴에 묶인 사람과 같다. 절대적 공간은 있지만 인간은 갈 수 없다. 다만 상상할 뿐이다. 하지만 동양의 이상향인 무릉도원은 다르다. 무릉도원 설화는 이렇다. 진나라 때 어느 어부가 복숭아꽃이 만발한 숲을 지나 동굴 속으로 들어가서 낙원 같은 마을을 발견했는데 그곳에서 나온 후 다시 찾아가려고 했더니 찾을 수 없었다는 이야기다. 동양에서의 이상향은 우리와 같은 세계에 존재하지만 다만 찾기 어려운 장소일 뿐, 우리가 절대로 갈 수 없는 세상은 아니다.

　선악에 대한 가치관에서도 차이점이 보인다. 서양 문화에서는 선악의 가치관이 절대적이다. 예를 들어서 십계명 같은 법은 '살인하지 말라. 도둑질 하지 말라' 같은 명확한 독립적인 명제로 선善을 규정한다. 반면에 동양에서는 선악의 결정을 관계에 의해서 설명한다. 동양에서는 절대적인 선을 믿지 않는다. 동양 철학에서 중요한 부분을 차지하는 '중용中庸'을 살펴보자. 중용은 공자의 생각을 공자의 손자인 자사子思가 정리하고 발전시킨 것을 훗날 송나라 때 주자朱子가 정리하여 4서로 만들면서 알려졌다. 중용의 개념은 좌로나 우로나 치우치지 않고 지나치거나 미치지 못하는 일이 없게 하는 것을 최고의 덕목으로 삼는다. 쉽게 말해서 눈치 봐서 가운데에 서라는 말인데, 벼농사 사회의 공동체 내에서 튀지 않게 행동하라는 것과 일맥상통한다. 우리나라 사회는 요즘도 이런 덕목을 최고로 내세운다. 우리 사회는 '뛰어나지만 튀는 것'보다는 '무능하더라도 무난한' 것을 더 좋게 보는 사회다. 그런데 여기서 말하는 중용이 되려면 좌와 우의 거리를 잴 필요가 있다. 좌로나 우로나 치우치지 않고 중간쯤에 '선'이 위치하고 있기 때문이다. 좌와 우의 관계 속에서 선을 찾는 것이다. 이는 동양 사회가 상대적인 가치와 관계를 중요시했음을 보여 준다. 동양에서 최고의 덕으로 이야기되는 '중용'은 절대적 선의 개념이 아니라, 주변의 상황과 관계에 따라서 변화하는 선의 개념이다. 또 다른 예를 찾아보자. 동양에서 도덕의 가장 근본이라고 생각하는 '효孝'는 부모와 자녀라는 두 사람 간의 상대적인 관계에 기반을 두고 있다. '충忠'은 임금과 신하라는 관계 안에서 만들어지는 선이다. 동양은 사람 사이의 관계에서 선을 찾으려 했다. 부모 자식의 관계는 사람이 이 세상에 태어나자마자 생기는 피할 수 없는 관계다. 사람들은 존재하는 즉시 다른 사람과의 '관계'를 맺게 되는데, 동양에서는 그 관계 속에서 가치를 찾으려고 했다. 이는 집단 노동 방식으로 벼농사를 지으면서 만들어진 가치관이다.

반면 서양 근대 철학의 시작을 연 데카르트는 "나는 생각한다, 고로 존재 한다"고 말했다. 그는 가장 의심할 여지가 없는 진리를 찾았는데, 사고의 근저를 계속 파내려 가다 '생각하는 나'에 다다른 것이다. 이는 서양 철학은 독립적인 자아에 기초를 두고 있음을 보여 준다. 혼자서 씨 뿌리고 일하는, 밀을 경작하는 사람다운 개인주의적 사고방식이다. 사회에서 최소 단위를 개인으로 본 것처럼 과학에서도 최소 단위를 찾아서 수천 년을 연구했다. 서양 과학은 고대 그리스 시대부터 최근 현대 물리학에서 소립자 구성 입자인 쿼크quark를 발견할 때까지 우주를 구성하는 최소 단위를 찾아 왔다. 독립된 '개인'에서 의미를 찾으려 노력한 서양 철학과 '원자'를 찾으려고 노력해 온 서양의 과학은 일맥상통한다.

동서양은 사후 세계에 대한 관념에서도 차이를 보인다. 죽으면 천국이나 지옥에 간다고 생각했던 서양과는 달리, 동양은 특이하게도 사후 세계에 별로 관심이 없었다. 공자는 어느 날 제자 계로가 "사람이 죽으면 어디로 가나요?"라고 질문하자, "사는 것도 모르는데 죽은 뒤를 어떻게 알겠는가?"라고 답했다고 한다. 『세계 종교의 역사』의 저자 리처드 할러웨이에 의하면 사후 세계에 대해서 무관심 혹은 의식적으로 무시하려는 경향은 전 세계의 종교 역사를 통틀어서 중국 등 일부 나라에만 나타나는 특이한 특징 중 하나라고 말한다. 이집트나 힌두 쪽 문명은 사후 세계에 상당한 관심을 갖는데 반해, 중국은 상대적으로 사후 세계에 대한 관심이 적었다. 집단으로 농사를 지어야 하는 벼농사 사회의 구성원으로서 갖는 생각답다. 당장에 내 눈앞에 닥친 집단 노동 속에서 만들어지는 사회적 문제가 더 급했던 것이 아닐까 생각된다. 절대적인 서양의 사고 체계에 반해서 동양의 상대주의 사고 체계의 가장 확실한 예제는 중국 고대 철학인 '음양설'에서 찾을 수 있다. 음과 양 두 개의 반대되는 '기氣'는 서로 상충되는 대립의 관계가 아니라 둘이 상호 의존적이면서 하나가 되기 위한 몸부림으로 보고 있다. 상충되는 것을 오히려 상호 의존적이며 하나가 되기 위한 것으로 보려는 시각은 갈등이 있더라도 함께 집단 노동을 해야 했던 벼농사 사회의 시각이다. 「사신도」에서 북쪽에 그려져 있는 거북이와 뱀은 서로 싸우는 모습처럼 보이지만, 실은 둘이 교미하는 모습이라고 한다. 이와 같이 동양에서는 서양의 절대적이고 이분법적인 사고가 아닌 상대적 '관계'를 기본으로 한 가치 체계가 만들어졌다.

「사신도」

상대적인 가치관 외에도 동양 문화의 또 다른 중요 키워드는 '비움'이다. 인류 역사 최초로 숫자 '0'이라는 개념을 도입한 사람은 인도인들이다. 서양에서는 '0'을 인정하지 않았다. 아리스토텔레스도 세상은 신에 의해서 완벽하게 창조되었고 진공은 자연에 존재하지 않는다고 말했다. '0'은 비움 즉 아무것도 없음을 뜻하는데, 신에 의해서 창조된 세상에 비움은 있을 수 없다고 생각하여 '0'이라는 개념은 무신론으로 여겼고, 이는 신성 모독으로 받아들여졌다. 그리스인들은 종교적인 이유로 '0'을 거부한 반면 인도인들은 종교적인 이유에서 '0'을 쉽게 받아들였다. 인도의 힌두교는 우주가 무無에서 생겨났고 그 크기가 무한하다고 믿는다. 인도인에게 '0'은 창조이자 동시에 파괴이기도 했다. 그들이 믿는 시바 신神은 무無 자체다. 따라서 인도인들은 신의 가르침을 얻기 위해서 '0'의 개념을 받아들였다. 인도에서는 '0'이라는 숫자가 아무것도 없음을 뜻하는 것이 아니라, 존재하지만 우리가 인식하지는 못하는 수를 의미한다. 마찬가지로 동양에서 비움의 의미는 단순히 물질이 존재하지 않는다는 부정적인 의미라기보다는 그 이상의 긍정적인 의미를 내포하고 있다. 동양에서 비움은 창조의 시작이다. 비움에 큰 가치를 둔 동양 철학자 노자는 일단 손에 잡히는 물질적 존재가 가득 차게 되면 오히려 성장의 잠재력이 소진된다고 생각했다. 이와 같은 그의 생각은 노자의 『도덕경』11장에 잘 나타난다.

진흙을 이겨서 질그릇을 만든다. 그러나 그 내면에 아무것도 없는 빈 부분이 있기 때문에 그릇으로서의 구실을 할 수 있는 것이다.

지게문[戶]과 창문을 뚫어서 방을 만든다. 그러나 그 아무것도 없는 빈 곳이 있기 때문에 방으로 쓸 수 있는 것이다.

그런 까닭에 있는 것[有]이 이로움[利]이 된다는 것은 없는 것[無]이 쓸모가 있기 때문이다. (『노자 도덕경』 11장, 남만성 역)

일반적으로 부정적인 의미로 해석되는 빈 공간은 노자의 관점에서 보면 백 퍼센트 가능성의 상태로 해석된다. 이런 노자의 생각은 동양 건축의 공간에서 그대로 반영되는데, '선禪의 정원庭園'이나 일본의 '신사神社'에 잘 나타나 있다. '선의 정원'은 나무로 가득 채워져 있는 정원이 아닌 비어 있는 공간으로 디자인된 정원이다. 이 정원에는 텅 빈 직사각형 모래밭에 크고 작은 돌이 열다섯 개 놓여 있을 뿐이다. 정원에서 바라볼 때 열다섯 개의 돌 중 하나는 항상 안 보이게 배치함으로써 완전히 채워지지 않음에 만족하라는 가르침을 주려고 했다고 한다. 의도적으로 '비움'의 메시지를 전달하고 있는 것이다. 일본의 '신사'는 두 개의 동일한 대지를 설정해 놓고, 한쪽의 대지에 건물을 짓고 다른 쪽의 대지는 비워진 상태로 둔다. 그리고 20년이 지나면 반대쪽 비어 있던 땅에 건물을 짓고 이전의 건물은 철거하고 비워 놓는다. 이렇게 건축하고 부수는 것을 20년 주기로 반복한다. 채워지고 비워지는 20년 주기의 순환을 만든 것이다. 일본 신사 건축에서 표현하고자 했던 것은 건축물 자체보다는 생성하고 소멸하는 생명의 원리를 보여 주고자 했던 것이다. 여기에서 비움은 부정적 의미가 아니라 새로운 창조의 준비라는 의미가 더 크다.

동양 사상계의 또 하나의 중요한 인물인 석가모니는 비움의 가르침을 펼쳐서, 마음을 비움으로써 열반의 경지에 이를 수 있다고 가르친다. 불교는 인생의 모든 고난은 무엇인가를 붙잡으려는 데서 시작한다고 보고 모든 것을 내려놓고 소유하지 말고 비우라고 가르친다. 이는 일반적인 허무주의와는 다르다. 불교의 궁극적인 목표는 열반과 해탈이다. 열반은 불이 꺼진 상태를 뜻하는 산스크리트어인 '니르바나nirvana'를 한자로 표기한 것이다. 해탈은 벗어났다는 뜻의 산스크리트어 '비목사vimoksa'를 한자로 표기한 것이다. 열반은 무언가를 갈망하는 것이 모두 사라진 상태를 말한다. 따라서 내가 죽기 전에도 수양을 하면 이를 수 있는 상태다. 열반에서 더 나아가면 해탈할 수 있다. 불교는 힌두교의 영향을 받아서 죽고 나서도 계속해서 다른 생명체로 태어난다고 믿었다. 계속 반복해서 수레바퀴처럼 도는 '윤회의 삶'을 산다고 봤지만, 해탈의 경지에 이르면 반복적인 윤회에서 벗어난다는 것이다. 해탈은 일종의 자유의 개념이다. 따라서 열반에 이르고 나서야 해탈이 있다고 할 수 있다. 불교에서는 열반에 이르고 해탈에 이르는 것은 비움의 수련을 통해서 이루어진다고 본다. 석가모니가 태어났던 시대에는 힌두교가 인도 지역을 장악하고 있던 때다. 당시에는 출가해서 고행을 하면서 도를 터득하려는 수행자가 많았던 시절인데, 석가모니도 그중 한 명이었다. 초반부터 웬만한 고행을 통한 수련을 마친 석가모니는 깨달음을 얻기 위해서 목숨을 걸고 먹지도 않고 마시지도 않고 계속해서 명상을 해서 열반의 경지에 이르렀다고 한다. 육체적 정신적으로 비우는 것은 불교에서 가장 중요하게 생각하는 덕목 중 하나다. 지금까지 살펴본 것처럼 공자, 노자, 석가모니의 영향으로 동양 문화의 가치 체계는 '관계'와 '비움'이라는 두 개의 키워드로 특징지을 수 있다.

4장.   두 개의 다른 문화 유전자

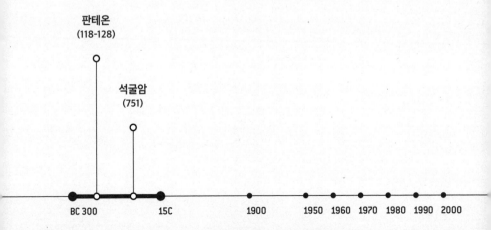

판테온
(118-128)

석굴암
(751)

BC 300   15C   1900   1950 1960 1970 1980 1990 2000

앞의 장에서 서양 문화는 '절대성', '수학'으로, 동양 문화는 '관계'와 '비움'으로 문화의 성격을 설명했다. 이 같은 특징은 그 시대 그 지역의 문화적 패러다임이다. 패러다임이란 한 시대의 인간 사고를 지배하는 인식 체계라 할 수 있다. 동서양 각 문화권의 패러다임은 기후가 만들어 낸 농사 방법과 건축 공간에 의해서 서서히 만들어졌다고 볼 수 있다. 엄밀하게 말하면 천재적인 사상가가 어느 날 갑자기 동서양 문화의 특징을 세웠다기보다는 그 시대 그 지역의 패러다임이 그런 생각을 만들었다고 보는 게 맞을 것이다. 이러한 관점은 토머스 새뮤얼 쿤이 그의 저서 『과학혁명의 구조』에서 처음 제창한 내용이다. 쿤의 관점대로라면 이 시대의 패러다임은 철학 이외에도 여러 가지 문화의 형태로 나타나야 한다. 이번 장에서는 동서양의 다른 문화들을 비교함으로써 두 문화권의 패러다임의 성격을 살펴보려고 한다.

우선 동서양의 다른 문화적 특징은 각 문화의 문자에도 그대로 나타난다. 서양 문화가 사용하는 알파벳 시스템의 기원은 이집트 문자까지 거슬러 올라가서, 이집트 문자 → 시나이 문자 → 페니키아 문자 → 그리스식 알파벳 → 라틴 알파벳순으로 변천되어 내려왔다. 알파벳은 26개의 문자로 구성되어 있으며, 각각의 알파벳은 변화되지 않는다. '원자'를 뜻하는 영어 Atom은 고대그리스어 a-tomos에서 온 것으로, '부정'을 뜻하는 'a'와 '쪼개다'는 뜻의 'tomos'가 합쳐진 말이다. 원자는 '더 이상 쪼갤 수 없는 것'이란 뜻이다. 기원전 6세기경 그리스 학자 탈레스는 모든 물질의 근원은 물이라고 생각했으며, 기원전 5세기경 엠페도클레스는 세상의 근원이 물, 불, 흙, 공기로 이루어져 있다고 주장했고, 데모크리토스는 세상은 더 이상 쪼갤 수 없는 입자인 '원자'로 구성되어 있다고 믿었다. 이처럼 전통적인 서양 과학에서는 물질이 분해할 수 있는 최소 단위인 '원자'로 구성되어 있다고 보았다. 원자는 더 이상 쪼개질 수 없으며, 외부와 교류가 없는 독립된 단위로 생각했고, 이러한 원자가 모여서 분자를 구성하고 분자가 모여서 우리가 보는 세상을 만드는 것으로 이해해 왔다. 알파벳의 구성 역시 전통적인 원자 개념과 비슷하다. 더 이상 쪼개질 수 없는 26개의 알파벳이 일정한 순서로 붙어서 단어를 구성하고, 단어가 붙어서 문장을 구성하는 체계다. 알파벳에서 새로운 의미를 만드는 방식은 알파벳을 하나의 축을 따라서 가로로 배열하되 그 순서만 바꾸면서 새로운 의미를 만드는 방식이다. 예를 들어서 D, E, N이라는 세 개의 알파벳이 있다면, 그 순서를 END로 하면 '끝'이라는 의미를 갖지만 순서를 바꾸어 DEN이 되면 '동물들이 쉬는 곳'이라는 전혀 다른 의미를 갖게 된다. 이런 알파벳 문자 체계를 사용했기에 서양에서 유전 공학이 먼저 나오게 되었다고 생각한다. 유전 공학은 A, G, T, C 네 가지 염기의 서열을 바꾸어서 만들어진 유전자 정보가 생명체의 다양한 모양을 만든다는 개념이다. 각각의 다른 모양의 생명은 네 개의 알파벳으로 만들어진 다른 스토리의 소설책인 것이다.

중국 한자漢字의 경우에는 기존 몇 가지 글자들의 조합으로 새로운 의미의 글자가 계속 만들어진다. 그런데 서양의 알파벳 체계와는 다르게 글자들 간의 상대적 위치와 획의 길이가 상대적으로 길고 짧은 관계에 따라서 같은 글자 요소들로 다른 의미의 글자가 만들어진다. 예를 들어서 하나라는 뜻의 'ㅡ(일)'자와 나무라는 뜻의 '木(목)', 이 두 가지 글자가

**가로 배열에 따라
다른 단어가 되는 영어**

- - - - END - - -→   끝

- - - - DEN - -→   동물원 우리

**획들의 위치에 따라
다른 단어가 되는 한자**

木
나무

本 = 木 + 一
근본   나무   하나

未 = 木 + 一
아니다   나무   하나

末 = 木 + 一
끝   나무   하나

서로의 위치 관계에 따라서 다른 의미가 된다. '木' 글자 아래쪽에 '一'을 붙이면 근본이라는 뜻의 '本(본)'이 만들어지고, '木' 글자 위쪽에 '一'을 붙이면 아니라는 뜻의 '未(미)'가 만들어진다. 그런데 '未'에서 위에 붙은 '一'자를 '木'자의 가로획보다 길게 쓰면 끝이라는 뜻의 '末(말)'이 만들어진다. '本', '未', '末'이라는 세 개의 한자는 '木'자와 '一'자의 상호 위치와 획 길이의 상호 관계에 의해서 만들어졌다. 한자에서 글자의 뜻은 한 글자를 구성하는 기본 글자의 상호 관계에 따라서 변화된다. 그 외에도 한자의 또 다른 특징은 알파벳의 경우 모든 글자가 한 방향으로 나열되는 반면, 한자는 글자가 상하좌우 어느 쪽으로도 덧붙을 수 있는 여러 가지 방향성을 가진다는 점이다. 위의 예에 나오듯이 '一'자는 '木'자 위에 붙기도 하고 때로는 아래에 붙기도 한다. 그 외의 다른 한자들 역시 왼쪽, 오른쪽, 위, 아래 복합적으로 붙어서 새로운 의미의 글자를 만들어 낸다. 다시 말해서 한자는 자유로운 성장 패턴을 띠게 되는데, 이와 같은 성격은 동양의 건축 평면에서도 나타난다. 서양의 종교 건축이나 왕궁 등을 보면 좌우 대칭성을 가지고서 한 방향의 축을 따라 배치되는 경향이 있다. '판테온', '하기아소피아 성당', '성 베드로 대성당', '노트르담 대성당', '베르사유 궁전' 모두 좌우대칭에 가운데 축이 있다. 반면 동양에서는 많은 경우 주변 환경에 맞추어서 좌우 비대칭성을 가지고 자연 발생적인 형태로 증식하듯 평면이 구성된다. '경복궁'과 일본의 각종 성들이 그렇다. 이렇듯 일방향성과 다방향성은 두 건축 문화가 각기 가지고 있는 다른 특징 중 하나라고 볼 수 있다. 이는 서양 문화는 세상을 절대자가 만든 '수학적 규칙의 조합'으로 보고, 동양은 세상을 '관계의 집합'으로 보는 시각 차이에서 나온 것이라 여겨진다. 이 같은 관점의 차이는 체스와 바둑이라는 게임에서도 나타난다.

게임은 문화의 특징을 잘 반영하는 또 다른 매체다. 체스는 '차투랑가 Chaturanga'라고 불리는 게임이 원형이라 할 수 있는데, 인도를 기원지로 하는 차투랑가는 6세기경에 지금의 이란이 있는 지역인 페르시아로 건너가게 되고, 7세기경에는 아라비아에 들어갔다. 그리고 이것이 유럽으로 들어가 스페인과 터키를 거치며 널리 퍼져서 서양 장기인 체스가 되었다. 체스는 인도에서 시작된 게임임에도 불구하고 오랜 시간이 흘러 서양을 대표하는 게임으로 자리 잡게 되었다. 체스는 격자형으로 구획된 정사각형 네모 칸 안쪽에, 여러 종류의 체스 말들이 정해진 위치에 놓인 상태에서 시작된다. 체스는 각자 16개의 말을 가지고 가로 8칸, 세로 8칸의 반상에서 서로 번갈아 가며 말을 움직여서 상대방의 말을 잡아먹는 게임이다. 체스라는 게임에서 우리가 주목해야 할 특징은 왕, 여왕, 비숍, 나이트, 룩, 폰 같은 신분 체계가 있다는 점과 각각의 말은 자신만의 고유한 진행 경로 패턴이 정해져 있다는 점이다. 다시 말해서 모든 말은 항상 정해진 위계질서와 기하학적으로 정해진 경로에 의해서만 움직일 수 있는 것이다.

바둑의 기원에 대해서는 여러 가지 설이 전해진다. 그중에서 가장 설득력 있는 이야기는 기원전 2300년경 초대 중국 황제 요堯가 자신의 두 아들을 교육시키기 위해서 만들었다는 설이다. 체스나 장기가 말과 코끼리 등이 등장하는 유목 사회의 전쟁을 상징적으로 만든 게임이라면 바둑은 논밭을 확장하고 경작하는 농경 사회의 모습을 상징적으로 만든 게임이다. 바둑이라는 게임의 법칙을 간단하게 설명한다면, 격자무늬가 그려져 있는 게임판 위에 빈 땅을 많이 만들어 내는 사람이 이기는 게임이다. 게임을 시작할 때 모든 말이 가득 차 있는 체스와 반대로 바둑은 게임을 시작할 때 바둑판이 텅 비어 있다. 게임에 임한 두 사람은 각자에게 주어진 흰색 혹은 검정색 돌을 격자 선의 교차점에 놓으면서 자기편의 영역을 만들어 가게 된다. 만약에 한쪽 편의 돌이 상대방 편의 돌을 에워쌀 경우에는 그 안에 있는 돌을 제거함으로써 가운데를 비울 수 있게 된다. 그런데 바둑의 법칙에서 중요한 점은 상대방 돌을 많이 가진 편이 이기는 것이 아니라, 빈(보이드) 공간을 많이 만드는 편이 이기는 게임이라는 것이다. 또 다른 특징은 계급 체계를 가지고 있는 체스의 말과 달리 바둑의 돌은 검은색 흰색 두 종류의 편만 나누어져 있을 뿐 같은 편 내에서는 돌들 간에 위계가 전혀 존재하지 않는다는 점이다. 모든 돌은 평등하되 다만 돌의 위계는 둘러싸였느냐, 아니면 둘러싸고 있느냐의 상대적 위치 관계에 의해서 결정 난다. 예를 들어서 흰색 돌이 검정색 돌에 의해서 둘러싸이게 되는 경우에는 흰색 돌이 죽게 되는 것이다. 이런 경우 흰색 돌이 있는 위치는 비워지게 되고 그 빈 공간은 검정색 돌의 '집'이 된다. 체스와 바둑의 차이점은 크게 네 가지로 설명할 수 있으며, 이 차이점은 그대로 두 건축 문화에서 찾아볼 수 있는 특징이기도 하다.

첫째, 게임의 규칙과 구성이 전혀 다르다. 체스는 상대편의 말을 죽여서 없애는 힘겨루기 게임이지만, 바둑은 빈 공간을 더 많이 만드는 쪽이 이기는 게임이다. 서양의 건축물은 대부분 외부 공간을 압도하는 형태를 하고 있다. '피라미드'도 그렇고 유럽의 광장에 위치한 여러 성당을 살펴보면 이들 건축물들은 외부 공간을 포용하기보다는 압도한다. 대부분의 사람은 '밀라노 대성당'이나 로마의 '콜로세움' 앞에 서 있으면 건축물에 압도되어서 경외감을 느끼게 된다. 그렇게 하기 위해서 건물을 높게 지으려고 노력한다. 반면 동양 건축은 건축물을 통해서 외부 공간을 건축물의 일부로 흡수하여 부속시키는 특징을 가지고 있다. '경복궁'이나 '덕수궁' 같은 곳을 거닐다 보면 낮은 담장이나 작은 마당, 처마 밑 공간들이 한데 어우러져서 건축물이 물체가 아닌, 나와 맺는 밀접한 관계로 경험되는 것을 느낄 수 있다. 건축물은 그다지 높지 않으며 여러 개로 나누어진 건물들로 빈 공간 중정과 함께 군집을 이루고 있다. 이처럼 서양과 동양의 건축이 주는 느낌은 다르다. 바둑과 동양 건축물의 배치 모습에서도 유사성을 찾을 수 있다. 만약 바둑돌을 건물이나 담장으로 보고, 바둑돌이 만드는 빈 집을 마당으로 본다면, 바둑판의 돌이 놓인 패턴과 동양 건축물 배치의 패턴이 유사함을 알 수 있다. 바둑돌들이 둘러싸서 빈 공간을 만들듯이 동양 건축에서는 건물과 담장으로 둘러싸서 마당 같은 빈 공간을 만들면서 건축물이 성장한다. 혹은 검정색 돌이 건축물, 흰색 돌이 자연이라고 생각하고 보아도 좋다. 둘 사이의 관계에 의해서 패턴이 정해지고 곳곳에 빈 공간이 만들어지는 것이 바둑과 동양 건축의 공통점이다.

둘째, 체스에서는 말들이 처음부터 정해진 권력의 위계를 가지고 있으며, 각각의 계급은 서로 다른 형태로 규정된 경로를 통해서만 움직일 수 있다. 반면 바둑의 경우 권력의 위계는 상호 간 상대적인 위치에 의해서 결정된다. 서양 건축사는 새로운 건축 양식을 만들어 가고 반복하는 행위의 연속이었다. 그리스 시대에는 도리아, 이오니아, 코린트 양식을 만들어서 기둥에 반복해서 사용했고, 고딕 시대에는 벽을 받치는 지지 구조인 플라잉 버트레스를 이용한 구조 양식을 만들어 그것을 반복해서 사용

계급에 따라 시작 위치와 이동 방향이
정해져 있는 체스

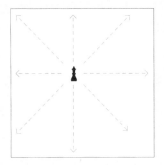

퀸: 직선과 대각선으로 움직임

룩: 직선으로 움직임

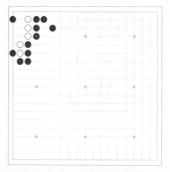

체스와 달리 모든 돌은 평등하며, 둘러싸였느냐 둘러싸고 있느냐의 상대적 위치에 의해 위계가 결정된다.

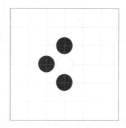

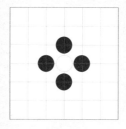

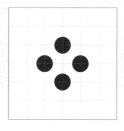

'성 베드로 대성당'과 그 앞의 광장. 건축물이 가운데 축을 중심으로 좌우대칭이고, 한 방향(이 경우에는 세로)으로
계속 증식한다.

도산서원. 어느 한쪽으로 방향성이 정해져 있지 않고 필요에 따라서 동서남북 어느 방향으로든 증식되는 구조를
볼 수 있다.

밀라노 대성당(밀라노, 1480). 건축물에 압도되어 경외감을 느끼게 된다.

했다. 서양의 문화는 양식이라는 규칙을 만들고 그 규칙의 반복을 통해서 공간을 만들어 가는 형식이다. 이는 마치 체스에서 각각의 말들이 다른 형태의 규칙과 위계를 가지고 있는 것과 유사하다. 양식 혹은 규칙을 만들고 규정하기 좋아하는 것이 서양 문화의 특징이라 할 수 있다. 반면 동양의 나무 기둥과 보를 가지는 구조 양식은 수천 년 동안 변하지 않았다. 다만 건물은 놓인 대지의 조건에 따라서 상대적으로 반응하면서 건물의 배치를 변화시켜서 자연과 조화를 이루는 유기적이고 상대적인 공간을 연출해 왔다. 물론 여기에도 풍수지리 같은 보이지 않는 규칙은 존재했지만, 그 풍수지리라는 규칙도 물과 산과 사람의 상대적인 관계에 관심의 초점이 있다. 이렇듯 동양 건축은 양식보다는 상대적인 관계를 중요하게 여겨 왔다.

그리스 시대의 도리아(좌),
이오니아(중), 코린트 양식의 기둥

고딕 시대의 플라잉 버트레스

FIG. 109.

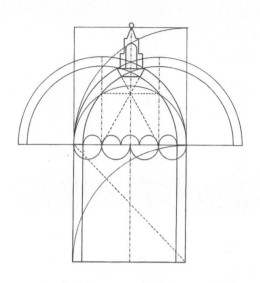

필리포 부르넬레스키가 디자인한
피렌체 산타마리아 델 피오레 대성당
(두오모 성당)의 돔(1420-1434)

셋째, 움직임의 패턴을 살펴보면 체스에서는 말이 가로 8칸, 세로 8칸의 게임 보드 내에서 계속해서 움직인다. 이 모습을 사진기의 조리개를 열어 놓고 찍는다면 아마도 복잡하고 기하학적인 형태의 라인들이 중첩된 모습이 될 것이다. 반면 바둑에서는 바둑판에 바둑돌이 한 번 놓이면 그 위치를 움직일 수 없다. 그리고 바둑돌이 만드는 패턴은 유기적으로 성장하고 확장하는 모습을 보인다. 필리포 브루넬레스키Filippo Brunelleschi가 디자인한 피렌체의 '두오모 성당'의 돔 공간을 기하학적으로 분석해 놓은 것을 보면 하나의 최종 디자인이 나오기까지 기하학의 중첩이 있는 것을 볼 수 있다. 이처럼 서양 종교 건축에서 대부분의 건축 계획은 기하학적 패턴이 중첩되면서 그 움직임의 선들을 따라서 벽이나 지붕들이 만들어지고 그 벽들에 의해서 보이드 공간이 만들어지는 것을 알 수 있다. 체스판 위에서 움직이는 말들의 경로를 따라서 선을 그려 보면 기하학적 분석도 같은 그림이 나오는 것처럼, 서양 건축의 빈 공간은 주어진 공간 내에서 기하학, 패턴, 중첩, 시간을 통한 오버랩 같은 방식으로 디자인되었다. 반면, 동양 건축은 정해진 규칙이나 반복되는 패턴 없이 땅 위를 뻗어 나가는 넝쿨처럼 성장하는 형태를 띤다.

넷째, 체스에서는 말이 격자형으로 만들어진 네모 안에 위치하지만, 바둑에서는 돌이 격자 선의 교차점에 놓인다. 일반적으로 서양 건축은 육중한 벽이 공간을 구획하고 있는 '벽' 중심의 건축이고, 동양 건축은 '기둥' 중심의 건축이다. 서양은 벽을 세워서 그 안에 만들어진 방을 사용하는 방식인 반면, 동양은 기둥을 세우고 지붕을 얹으면 그곳이 곧 건축 공간이 된다. 바둑에서 자신의 '집'이라고 말하는 것이 바둑돌로 규정된 꼭짓점들이 연결된 지점의 안쪽을 말하는 것처럼, 건축에서도 꼭짓점 위치에 기둥을 세우고 지붕을 얹은 것이 자신의 집이 되는 형태를 띠고 있다. 이때 만들어진 지붕 밑의 공간은 때론 벽으로 가려지기도 하고 때로는 완전히 개방되어 있기도 하다. 안방은 지붕 아래에 벽으로 구획된 방이고, 정자는 지붕과 기둥만 있고 벽이 없는 경우이며, 대청마루는 네 개의 벽면 중 두 개만 막히고 두 개는 개방된 경우다. 동양 건축에서는 영역성이 건축 평면도에서 점으로 표현되는 기둥으로 만들어져서 안팎의 경계가 모호하며 빈 공간 자체의 모양이 규정되기 힘든 공간이다. 따라서 빈 공간은 성격상 내외부를 관통하여 흐르는 듯한 느낌을 준다. 반면 서양 건축의 빈 공간은 평면상 선으로 표현되는 벽이 만드는 공간으로, 안과 밖의 공간 경계가 벽에 의해 명확히 구분되는 딱딱한 느낌의 공간감을 가지고 있다. 벽과 기둥이 가지는 공간감의 차이는 훗날 근대 건축에서 공간의 유전적 계보를 구분하는 데 중요한 관찰 포인트가 된다.

체스	서양 건축	바둑	동양 건축
상대편 죽이기	외부 공간 압도	바둑돌로 빈 공간 만들기	건축물로 외부 공간 포용
절대적 계급	절대적 양식 체계	상대적 관계에 의한 계급 결정	대지에 상대적으로 반응하는 건축 계획
기하학적인 경로	기하학적인 공간	자유롭고 유기적인 성장 패턴	자유로운 성장 패턴의 배치 계획
격자무늬 안에 위치하는 말	벽의 건축	격자무늬의 교차점에 위치하는 말	기둥의 건축

내부와 외부의 경계가 명확한 벽 구조

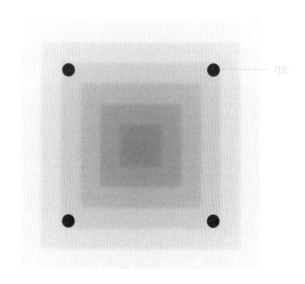

내외부 경계가 모호한 기둥 구조

space

空 間

emptiness
|
비움

between
|
관계

이 같은 동서양의 다른 가치 체계는 공간을 뜻하는 단어만 비교해 보더라도 쉽게 알 수 있다. 서양인들의 공간을 뜻하는 단어는 'space'다. 이 단어는 우주를 뜻하기도 하는 'universe'와 같은 의미다. 'universe'는 'cosmos'와 동의어다. 그런데 'cosmos'는 '규칙'이라는 뜻을 가지기도 해서, 반대말은 '불규칙'을 뜻하는 단어인 'chaos'다. 서양 언어 속 단어의 상관관계를 보면 '공간', '우주', '수학', '규칙'은 같은 범주에 속한 것임을 알 수 있다. 서양인의 머릿속에 '공간은 수학적 규칙을 갖는 것'이라는 관점이 있음을 엿볼 수 있다. 이렇듯 서양의 공간은 다분히 수학적인 분석에 의해서 만들어지는 반면, 동양의 공간은 비어 있다는 뜻의 한자 '공(空)'과 사이라는 뜻의 한자 '간(間)'이 합성된 단어다. '사이'라는 것은 두 개의 개체가 있어야만 만들어지는 것이다. 따라서 '간(間)'은 둘 사이의 관계를 지칭하는 말이라고 할 수 있다. 동양에서 공간이라는 단어는 '비움'과 '관계'의 합성어로 만들어진 것이다. 이렇듯 공간을 뜻하는 단어 하나만 살펴봐도 동양에서는 단순히 비어 있는 것 이상의 가능성을 보는 '비움'과 상대적 가치인 '관계'로 공간을 이해하고 있음을 알 수 있다.

피타고라스와 플라톤을 비롯한 고대 그리스 학자들은 수학적 법칙들이 우주를 움직이고 있다고 믿었다. 이 같은 서양 문화에 내재된 수학을 향한 뿌리 깊은 믿음은 건축, 음악, 그림 등에서 구체화되어 나타나고 있다. 이런 개념 위에 서양 건축은 기하학적이며 수학적인 디자인으로 계속해서 발전되어 왔다. 기원전 100년경에 로마의 비트루비우스Vitruvius는 그의 책 『건축 10서De architectura』에서 건축물의 '비례의 중요성'을 이론적으로 강조했다. 건축에서 수학적, 그중에서도 기하학적 디자인의 기원은 이집트에서 찾을 수 있다. 학계에서는 아직 논쟁의 여지가 있지만, 이집트 태생이자 건축기사 출신의 아마추어 피라미드 연구가 로버트 보발Robert Bauval은 1993년에 피라미드의 배치가 오리온 별자리와 일치한다는 연구를 발표했다. 기제의 피라미드는 크게 세 개의 피라미드가 대각선 방향으로 배치하고 있는데, 그 위치와 각도가 오리온 별자리의 모양과 같다는 발견이다. 이집트인들은 하늘의 '별의 움직임'을 보면서 천체의 법칙을 찾아냈고, 위에 있는 하늘의 법칙은 그대로 피라미드라는 거대 건축물의 배치를 계획하는 데 영향을 미쳤다는 얘기다. 보발의 이야기가 맞는다면 서양에서는 이집트 시대부터 하늘의 수학적 규칙이라는 형이상학적인 디자인 개념을 건축에 반영시키려 시도해 왔던 것이다. 우주를 움직이는 절대적인 수학적 규칙에서 영원한 가치를 찾으려 했던 서양 문화의 특성이 엿보인다. 이집트의 천문학, 수학, 기하학의 개념들이 피타고라스에게 영향을 미치고 그 영향은 플라톤을 거쳐서 서양 문화의 근간으로 이어졌다.

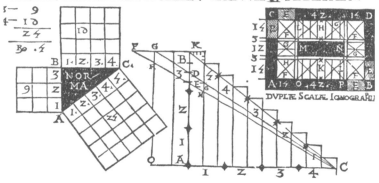

체사레 체사리아노의 책에 나오는 피타고라스의 삼각형(1521)

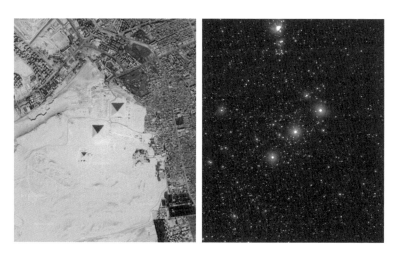

기제의 피라미드 배치(좌)와 오리온 별자리

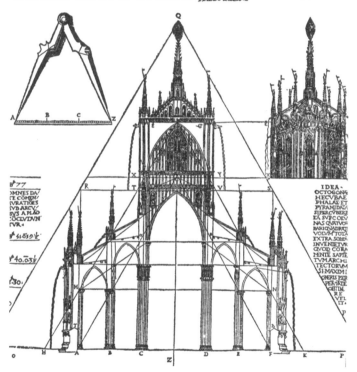

'밀라노 대성당' 건축에 참여한 기술자 체사레 체사리아노Cesare Cesariano의 책
1권 2장에 나오는 '밀라노 대성당'의 단면을 설명하는 그림

4장. 두 개의 다른 문화 유전자

서양 건축의 핵심에는 수학이 자리 잡고 있다. 특히 종교적인 공간에서는 그 특징이 뚜렷하다. 신에게 가까이 가려는 사람들의 마음과 진리에 이르는 수단으로 논리적 수학을 택한 서양인들의 가치관이 자연스럽게 기하학이 내재된 건축을 낳았을 것으로 유추된다. 이렇듯 기하학에 기반을 둔 서양의 보이드 공간을 자세히 살펴보면 수학적으로 진화해 왔음을 알 수 있다. 먼저 서기 118년에서 128년 사이에 지어진 로마의 신전 '판테온'을 보면 평면도와 단면도의 모양이 원의 형태를 띠고 있다. 가장 기초적인 유클리드 기하학이 반영된 공간이라 할 수 있다. 원은 하나의 점에서 같은 거리에 있는 점을 연결한 도형이다. 예를 들어서 삼각형을 설명하려면 세 점의 위치라는 세 가지 정보가 필요하지만 원은 하나의 점과 반지름 길이라는 두 가지 정보만 있으면 정의 내릴 수 있다. 원은 여러 기하학 도형 중에서 가장 단순한 정의를 가지고 있다. 그래서 완전함과 근원의 상징으로 원이 사용된다. 최초의 종교 건축인 '괴베클리 테페'에서도 평면도는 원의 모양을 띠고 있으며, 이후로도 원은 가장 원초적인 공간의 상징으로 발전해 왔다. 어쩌면 인류가 모닥불을 피우고 불을 중심으로 동그랗게 앉은 이후, 아니면 그보다 먼저 하늘의 해와 달이 동그란 모양을 하고 있는 것을 본 이후로 원은 인류의 의식 속에 가장 원초적인 도형으로 자리 잡았는지도 모른다. 우리나라의 '강강술래'라는 춤은 동그란 보름달 아래에서 동그랗게 원형으로 손을 잡고 빙빙 도는 춤으로, 가장 원시적이면서 본능적인 춤 문화다. 원형으로 빙빙 돌면서 추는 춤은 아프리카 원주민부터 아메리카 인디언까지 거의 모든 시대와 문화권에 있다. 원은 이렇듯 시대와 지역을 뛰어

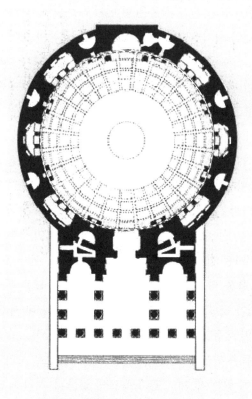

판테온의 평면 분석

넘는 힘을 가지고 있는 기하학이다.

　판테온 이후 콘스탄티누스 황제가 서기 330년 로마 제국의 수도를 로마에서 콘스탄티노플(지금의 이스탄불)로 옮긴 후 로마는 그곳에 거대한 성당을 짓는다. 그 건물은 몇 번의 개축을 거쳐서 유스티니아누스 대제 시절인 서기 537년에 지금의 '하기아소피아 성당'의 모습으로 완성되는데, 이때부터는 좀 더 복잡한 기하학의 형태가 나타나기 시작한다. 단순한 원의 '판테온' 공간과 달리, '하기아소피아'에는 같은 형태의 돔이 다른 스케일로 중첩되어 나타나고 있다. 중앙에는 평면상 반지름 A 크기의 원 세 개가 중첩되어 나타나고, 그 주변으로 중앙의 돔보다 크기가 작은 반지름 a의 원이 분포되어 있는데 반지름 A 대 a의 비례는 3 대 1의 값을 가지고 있다. 3이라는 숫자는 기독교 문화에서 아주 특별한 의미를 가진다. 서양에서 3은 완전한 숫자를 나타낸다. 기독교에서 말하는 신은 '성부, 성자, 성령'이라는 세 개의 다른 존재가 하나의 하나님이라는 삼위일체의 교리를 가지고 있다. 서양 음악에서 화음을 만들 때 음을 세 개 겹친 3화음을 쓰는 이유도 같은 데서 연유한다. '하기아소피아 성당'의 주요 공간의 평면에 두 개나 네 개가 아닌 세 개의 원이 쓰인 이유도 마찬가지다. 주요 돔의 바깥쪽으로 복도를 형성하고 있는 돔은 위아래 각각 네 개씩 있는데, 숫자로 보면 평면에 보이는 중앙 홀에 있는 세 개의 원과 복도에 있는 네 개의 복도 원을 합쳐서 일곱(3+4=7)개의 원이 평면에 그려질 수 있다. 7이라는 숫자는 기독교 문화에서 하나님이 주신 숫자로 알려져 있는 숫자다. 그래서 기도를 할 때 켜는 촛대의 초 꽂는 곳도 일곱 개고, 신약 성경에 언급되는 대표적인 교회도 일곱 개 나온다. 그리고 단면을 살펴보면 이 모든 돔 위에 한 개의 돔이 얹혀 있다. 따라서 '하기아소피아 성당'의 숫자는 1, 3,

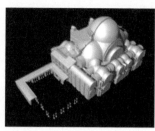

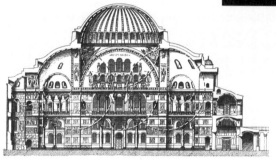

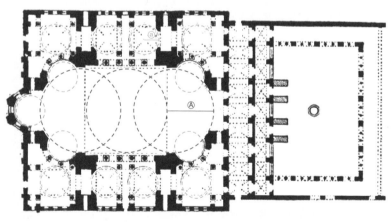

A = 3a

하기아 소피아 성당의 단면도(위)와 평면 분석도

7이다. 이 숫자들은 성경적으로 보면 모두 성스러운 숫자다. 유일신, 삼위일체, 일곱 촛대 같은 숫자의 상징과 같은 숫자다. 같은 형태의 돔을 다른 크기의 규모로 변형 후 반복해서 사용하는 방식은 수학의 프랙털fractal 이론과 유사하다. 프랙털은 단순한 규칙을 가지고서 복잡한 모양을 만드는 '차원 분열 방법'으로, 자연의 불규칙한 현상을 해명하는 카오스Chaos 이론의 설명에 이용된다. 예를 들어서 고사리 잎의 모양은 같은 모양이 스케일만 줄어들면서 계속해서 반복되는 형태를 띠고 있다. 우리나라 남해와 서해의 리아스식 해안의 모습도 같은 형태가 크기만 줄어들면서 반복되는 형태다. 이처럼 자연의 많은 복잡한 형태는 프랙털의 모양을 띠고 있다. 이러한 프랙털처럼 '하기아소피아'의 평면도는 중앙에 보이는 원이 크기가 줄어든 형상으로 주변부에 반복되는 형태를 띠고 있다. 이는 최초에 하나의 원으로 시작한 '판테온'에서 프랙털 원리로 복잡하게 발전한 모습이다.

　이같이 로마의 '판테온'에서 이스탄불의 '하기아소피아'로 이어지는 건축 디자인에서 보이는 수학적인 진화는 콘스탄티노플(현 터키의 이스탄불)의 지리적인 위치 때문이다. 로마에 비해서 콘스탄티노플은 그리스에 가깝고, 그리스는 로마보다 수학적으로 앞서서 발전한 문화였기 때문이다. 그리스 멸망 이후 그리스의 많은 학자가 동로마 제국으로 들어오게 되고 따라서 문화 전반적으로 좀 더 발전한 수학이 나타나게 되었다. 이렇듯 수학적으로나 건축적으로 아름다운 '하기아소피아 성당'은 당시 유목 민족으로서 제대로 된 건축을 해 본 적이 없던 중동의 유목민들에게는 문화 충격이었다. 이후 이슬람 종교가 만들어진 후에 그들만의 종교 건축을 지을 때에 모든 이슬람 성전은 '하기아소피아 성당' 디자인에 기반을 두고 발전시키게 된다. 중동에서 동서양의 중계

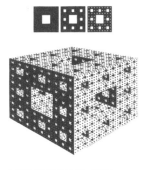

프랙털 이론을 보여 주는 그림들

아라베스크 문양

4장. 두 개의 다른 문화 유전자

무역으로 수학에 강했던 이슬람인들은 '하기아소피아 성당'에서 이미 시작된 프랙털 분열 방식을 더 복잡한 형태로 발전시키고, 훗날 훨씬 더 복잡한 기하학적 프랙털 패턴을 가진 아라베스크 문양도 건축에 적용시키게 된다.

서기 476년, 서로마 제국이 멸망한 이후에 유럽은 당시 번성하고 있던 이슬람 제국에 대항할 만큼 조직적이지 못했다. 반면, 이슬람은 스페인과 북아프리카로 영토를 확장해 나가고 있었고, 이와 함께 고도로 복잡한 기하학적인 형태의 이슬람 건축이 유럽에 영향을 미치면서 서양 건축 문화의 수학적인 성향이 증폭된다. 스페인 지역은 이때 하이브리드적인 건축 양식을 만들어 냈는데, '알람브라 궁전'이 대표적인 사례다. 서기 1453년에는 동로마 제국이 멸망하면서 동로마 제국의 그리스 계통 학자들이 대거 유럽으로 건너와 유럽 내에 수학적으로 더 진화한 르네상스 건축 양식을 만들어 내게 된다. 실제로 지어지지는 않았지만 도나토 브라만테Donato Bramante의 '성 베드로 대성당 계획안'은 당시 르네상스 문화의 결정체로서 '하기아소피아'에서 한층 더 진화된 수학적 형태를 보여 준다. '하기아소피아 성당'에 비해서 브라만테는 좀 더 정돈된 규칙에 의해서 평면 공간 구조를 만들었는데, 135쪽 그림에서 보이는 것처럼 중앙 돔과 주변의 원형 공간은 다양한 기하학적 규칙들이 발견된다. 그리고 A 대 a와 B 대 b의 비율은 대략 0.6으로 나타난다. 우리는 여기서 좀 더 발전한 프랙털 시스템을 엿볼 수 있다. 르네상스 시대의 철학자이자 건축가였던 레온 바티스타 알베르티Leon Battista Alberti는 건축에서 수학적인 비례의 중요성을 책을 통해 강조하기도 했다.

　　서양에서는 건축 공간의 문제 해결을 항상 기하학적인 측면으로

'알람브라 궁전' 내부

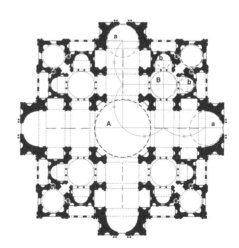

브라만테가 디자인한
'성 베드로 대성당계획안'의
평면 분석도

4장. 두 개의 다른 문화 유전자

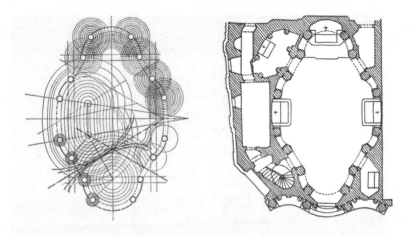

프란체스코 보로미니가 디자인한 '산 카를로 성당'의 기하학 분석도.
이전보다 더 복잡한 기하학이 도입됐음을 알 수 있다.

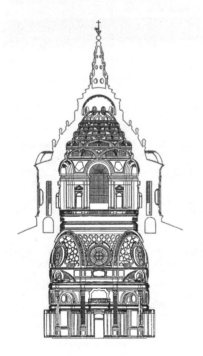

과리니의 '카펠라 델라 신돈 성당'(1667)과
성당의 돔(우)

풀어 나가려 했기 때문에 단순한 해결책이 나오지 않을 경우 좀 더 복잡한 수학적 방법이 채택되었다. 그 예로 '산 카를로 성당San Carlo alle Quattro Fontane'에서 건축가 프란체스코 보로미니Francesco Borromini(1599~1667)는 전통적인 동그란 원 모양의 돔을 만들 수 없는 좁고 긴 대지 조건이 주어지자 중심점이 두 개인 타원 형태의 돔 공간을 만들어 냈다. 보로미니의 뒤를 이어서 과리노 과리니Guarino Guarini(1624~1683)는 수학적 기하학적 빈 공간의 극치를 보여 준다. 과리니의 '카펠라 델라 신돈 성당Cappela della SS Sindone'을 보면 공간이 마치 이슬람 사원 같다는 느낌이 들 정도로 복잡한 문양을 보여 주는데, 돔을 살펴보면 이슬람의 아라베스크와 비슷한 문양을 띠고 있음을 알 수 있다. 서양 건축의 수학 숭배는 영국의 건축가, 고전학자, 수학자, 천문학자로서 런던의 '성 바울 성당'을 디자인한 크리스토퍼 렌Christopher Wren의 저서 『파렌탈리아Parentalia』에 잘 나타나 있다.

> "기하학적인 형태는 불규칙한 형태보다 더 아름답다. 정사각형, 원형이 가장 아름답고, 포물선과 타원형이 그 다음이다. 두 개의 선이 만났을 때 아름다운 경우는 오직 두 가지밖에 없는데, 하나는 수직으로 만나는 것이고 다른 하나는 평행을 이루었을 때다."

크리스토퍼 렌의 이 문장은 서양 건축가들이 수학적 기하학을 통해서 완벽하고 신성한 절대미를 추구했음을 잘 보여 주고 있다. 최근 현대 건축에서 그레그 린Greg Lynn이나 피터 아이젠만Peter Eisenmann, 자하 하디드Zaha Hadid 같은 사람들이 하는 건축은 얼핏 보면 무척 불규칙해 보인다. 최근 들어서는 컴퓨터 알고리즘을 프로그램해서 컴퓨터가 만들

자하 하디드의 건축 디자인

그레그 린의 건축 디자인

피터 아이젠만의 '갈리시아 문화 도시
City of Culture of Galicia'(스페인)

컴퓨터를 이용한 파라메트릭으로
디자인한 건축물들

어 내는 복잡한 디자인을 만드는 파라메트릭parametric 건축 분야도 나와 있다. 하지만 그와 같은 형태가 나오게 된 배경을 살펴보면 컴퓨터의 도움을 받아 알고리즘을 통해서 더 복잡한 형태를 만들어 냈을 뿐, 근본적으로 '수학적 논리의 결과물로 나온 형태'라는 면에서는 전통적인 서양 건축 공간의 계보를 잇는 작품이다. 이들 건축물에서는 곡선의 모양도 직관적으로 그려진 선이 아니라 컴퓨터에 값을 타이핑해서 작도作圖할 수 있는 기하학적인 곡선이다.

서양 건축, 특히 종교 건축에서는 기하학적으로 점점 더 복잡하게 진화하는 모습이 나타난다. 반면 동양에서는 건축 양식의 진화라고 할 만한 양식적 변화가 보이지 않는다. 동양 건축은 격자와 기둥에 기초한 공간 구조가 수천 년간 반복되어 왔다. 동양의 건축 공간은 시대를 초월해서 모든 건축물이 격자의 교차점에 기둥을 세우고 짝수의 기둥 위에 지붕을 얹힌 형태로 만들어진다. 기둥 네 개가 서면 지붕을 올릴 수 있고 그게 '한 칸'이 된다. 우리나라에서 집의 크기를 규정하는 단위는 '칸'이었는데, 하나의 칸은 기둥 네 개로 만들어진 레고 장난감의 블록 모듈과 같다고 보면 된다. 만약 바둑판이 건축가에게 주어진 대지라고 생각한다면, 바둑판 위의 돌들이 놓인 형태는 동양 건축의 평면 계획과 무척 닮았다는 것을 알 수 있다. 둘 다 성장하는 유기적 형태를 띠고 있다. 바둑의 검은색 돌이 건축물이고 흰색 돌이 대지의 나무, 돌, 물 같은 자연 요소라고 본다면 바둑판 돌의 배치와 '가쓰라리큐桂離宮'의 평면은 너무나도 흡사하다.

동양 건축의 주요 기본 요소들은 기둥, 지붕, 낮은 담장이라는 세 가지로 규정할 수 있다. 동양의 건축 공간은 이 세 가지가 구획하면서 만들어진다. 그런데 이 요소들의 가치는 바둑판 위의 돌처럼 상대적인 관계에 의해서 결정된다. 마치 중국 한자에서 기본 글자들의 상호 위치에 의해서 그 의미가 새롭게 창조되듯이 위의 세 가지 건축 요소는 주어진 자연 조건 안에서 서로에게 영향을 미치며 새로운 의미를 만들어 낸다. 동양 건축에서는 건축물들이 대지 위에 구축되어 가면서 다양한 형태의 정원들이 만들어지는데, 빈 공간을 많이 만들어 내는 편이 이기는 바둑의 규칙과 노자의 '비움의 사상'을 염두에 두고 건축물을 바라본다면 동양 건축에서의 정원과 마당이 어떻게, 왜 만들어지는지 이해될 것이다. 노자에 의하면, 빈 공간은 '미래에 채워질 가능성 백 퍼센트의 상태'라고 보고 있다. 도가 사상의 영향으로 만들어진 '선禪의 정원'에는 모래판 위에 돌들이 여기저기 놓여 있다. 이 정원에서 모래판은 바다를 상징하고, 그 위에 놓인 돌들은 섬을 상징한다. '선의 정원'의 모래판에는 굵은 줄무늬가 그려져 있는데, 이는 아침마다 물을 뿌리고 갈고리로 긁은 자국이다. 이 골 무늬는 바다의 파도를 상징한다. 바다의 파도는 계속 움직이지만 '선의 정원'에 그려진 골 무늬는 움직이지 않는다. 시간이 정지된 것이다. 즉 '선의 정원'은 시간이 정지되며 동시에 영원이 시작되는 공간이다. 가능성과 영원이라는 의미를 함축한 동양 건축의 공간 형태는 기둥과 격자 시스템 위에서 만들어진다. 서양에서는 기하학적으로 구성된 공간 안에 조각, 스테인드글라스, 그림 등의 상징적 이미지를 추가함으로써 종교적인 공간을 만드는 반면, 동양에서는 비우는 행위를 통해서 종교적 의미의 공간을 만든다. 우리나라도 사찰에서 불상이나 불화 같은 조각이나 그림으로 공간을 장식하기도 한다. 하지만 불교의 불상은 그리스 조각상이 알렉산더 대왕의 인도 정복과 함께 전파되면서 전이된 양식이다. 엄밀하게 말해서 태생적으로 불상이라는 양식은 그리스 조각상의 후예라고 할 수 있다. 우리가 절에 가면 마당에서 볼 수 있는 탑도 불교가 생기기 전부터 있었던, 화장을 한 후 만드는 인도의 전통 무덤이 전파된 것이다. '유골을 봉안해 흙이나 돌로 높이 쌓아 올린 분묘'라는 뜻을 가진 고대 인도의 범어인 '스투파Stupa', '투파'라는 말을 음역해서 탑파塔婆가 되었고, 탑파가 줄어서 탑이 된 것이

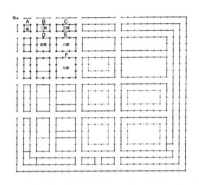

동양 건축에서 사용하는 격자, 기둥 시스템 평면
격자형 바둑판과 비슷하다.

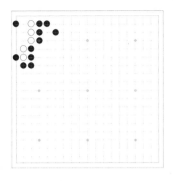

바둑판

'가쓰라리큐'(1615-1663)의 평면도

다. 실질적으로 전통적인 동아시아의 종교적 공간은 노자 사상의 영향
으로 비움에 더 중점을 두고 있다.

선의 정원. 모래밭의 줄무늬는 파도를, 바위는 섬을 상징한다.

강수량이라는 환경 요소가 동서양에 두 가지 다른 공간적 특징을 만들었다. 서양에서는 벽으로 공간의 경계가 명확하게 나누어져 있다. 서양 건축의 지붕에는 처마도 거의 없다. 반면 동양에서는 띄엄띄엄 놓인 기둥과 긴 처마로 인해 내외부 공간의 경계가 모호한 특징이 있다. 안팎의 경계가 모호한 동양에서는 철학자의 생각도 '구분'보다는 '융합'에 초점이 맞춰져 있다. 노자는 "두 개의 근원은 하나다. 그 둘은 단지 이름이 다를 뿐이다. 비밀은 둘의 일치된 조화에 있다."라고 말했다. 동양 철학에서는 만물을 음과 양 두 개로 나누어서 생각하지만, 두 음양을 하나로 일치시키는 데 더 큰 의미를 두고 있다. 같은 이유로 동양의 건축 공간은 항상 내부와 외부, 자연과 건축물의 융화를 통해서 두 개체 간의 일치를 추구해 왔다. 따라서 동양의 빈 공간은 규정되어 있기보다는 유동적이며 내외부를 관통해서 흐르는 듯한 성격을 가지고 있다.

강수량은 농사의 주요 품종을 결정하고 농사법은 사람의 가치관과 생각을 형성했다. 또한 강수량은 건축 재료를 결정했고, 그에 따라서 건축 공간의 성격을 만들었다. 이렇게 만들어진 공간은 사람의 생각에도 영향을 미쳤고, 반대로 생각은 건축 공간의 디자인을 결정하기도 했다. 결국 자연환경이라는 부모는 사람의 생각과 건축 공간이라는 두 명의 자식을 낳았는데, 생각과 건축 공간은 같은 부모 아래에서 태어난 자녀처럼 공통된 성격이 있다. 그리고 이 둘은 상호 영향을 미친다. 공간은 생각을 만들고, 생각은 공간을 만든다. 기후, 농사법, 공간의 성격 그리고 이를 통해서 만들어진 생각, 이 네 가지는 때로는 한 방향으로 영향을 주고, 때로는 상호 영향을 미치면서 수천 년간 고유의 문화적 특징을 형성해 왔다.

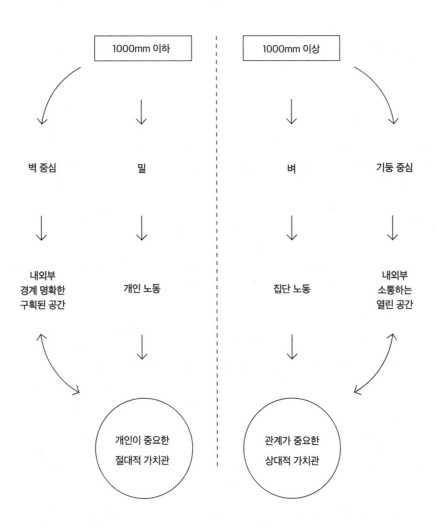

강수량

1000mm 이하 | 1000mm 이상

벽 중심　　밀　　벼　　기둥 중심

내외부
경계 명확한　개인 노동　집단 노동　내외부
구획된 공간　　　　　　　　　　　소통하는
　　　　　　　　　　　　　　　　열린 공간

개인이 중요한
절대적 가치관

관계가 중요한
상대적 가치관

강수량, 농사법, 생각, 공간의 순환

동서양의 문화적 특징의 차이는 그림에서도 잘 나타난다. 서양의 그림에는 '황금 분할'이 폭넓게 사용되어 왔다. 캔버스 속의 모든 요소는 황금 분할이라는 수학적 요인에 의해서 조심스럽게 배치되어 있다. 이집트 미술의 경우 완벽한 비율을 찾았고, 그 상태가 완벽하기 때문에 더 이상의 발전은 필요 없다고 생각했다. 그래서 이집트는 같은 스타일의 건축과 미술이 수천 년 동안 계속해서 반복되어 만들어지고 그려지는 것을 볼 수 있다. 수학적 황금 비율을 중요시하는 서양과 달리 동양의 경우에는 '여백의 미'가 중요시되었다. 동양화에서는 실제로 그려져 있는 대상물만큼이나 그 배경으로 남겨지는 여백도 중요한 요소다. 이러한 풍토는 노자 사상에 근거하고 있다. 동양화에서 나타나는 사물(figure)과 배경(ground)의 상호 보완적이고, 상호 관입적이며, 균형 있는 흐름은 앞서 살펴본 바둑의 패턴이나 동양 건축물의 평면에서 보이는 것과 유사하다.

　　동양의 산수화에서는 일반적으로 원경遠景과 근경近景 사이에 중경中景을 그려 넣는 대신 여백으로 처리한다. 그림에 따라서 안개가 낀 모습으로 중경을 지우기도 한다. 이 같은 방식은 건축에서도 나타나는데, 동양 건축에서 자주 사용되는 낮은 높이의 담장이 그 역할을 한다. 낮은 담장은 내 대지 바로 앞에 있는 중간의 경치를 지워 버리고 가까이에 있는 정원과 멀리 있는 풍경인 산山만 보이게 한다. 이렇게 함으로써 건물 내부에 위치한 관찰자의 투시도상에서 시각적인 여백을 가져오게 하는 것이다. 더 적극적으로 도가 사상을 반영한 '선의 정원'에서는 나무를 심은 정원 대신 땅을 비우고 모래만 깐 정원을 도입해서 더 많은 빈 공간을 연출하기도 한다. 그리고 동양의 이러한 디자인은 수학적 황금 분할에 대한 고려 없이 진행된다. 서양 건축과 미술에서는 황금 분할의 역할이 큰 반면, 동양 건축과 미술에서는 만들어진 구조물보다 빈 공간 혹은 여백이 더 중요하게 취급되어 왔다.

조속(趙涑, 1595-1668)의 「산수도」

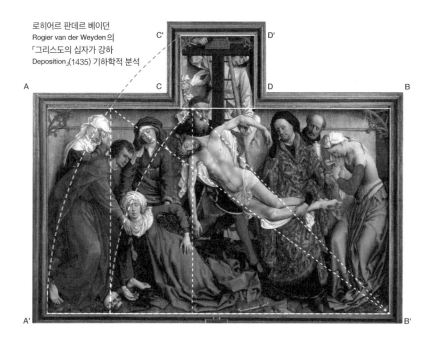

로히어르 판데르 베이던의
Rogier van der Weyden의
「그리스도의 십자가 강하
Deposition」(1435) 기하학적 분석

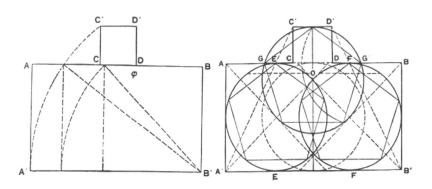

4장. 두 개의 다른 문화 유전자

개미와 벌, 이 두 곤충의 집을 보면 동양과 서양의 공간이 다른 특징을 갖게 된 배경과 이유에 관한 힌트를 얻을 수 있다. 집단으로 서식하면서 강한 사회성을 띠고 있는 대표적인 곤충으로 개미와 벌이 있다. 둘 다 여왕을 중심으로 사회 조직이 구성되어 있고, 집단 내부에서 하는 일에 따라 계층이 나누어져 있고 조직적인 사회성을 띤다. 그리고 그 사회성의 결집체로 집을 짓고 산다. 마치 인간이 농업혁명을 거치며 대형 군집을 이루면서 살게 되고 사회 구성원 내에 계층이 생겨난 것과 비슷하다. 농업을 하면서 인간 사회는 개미와 벌의 사회와 유사해졌다. 이들 개미집과 벌집은 곤충의 집을 대표하는 쌍두마차다. 하지만 이 둘은 마치 개인기 위주의 남미식 축구와 긴 패스 위주의 유럽식 축구가 다른 것처럼 건축적으로 확연히 다르다. 그리고 두 곤충의 집은 인간 건축의 동서양 차이와 비슷한 특징을 보여 준다. 벌집은 서양의 공간처럼 기하학적인 형태를 띠고, 개미집은 동양의 공간처럼 관계를 중시하는 특징을 보인다.

벌집의 경우에는 벌집 모양이라고 불리는 6각형의 모듈러² 구조를 띠고 있다. 6각형 모양의 방이 반복되면서 전체 벌집이 만들어지는 것이다. 6각형은 반복되었을 때 구조적으로도 가장 안정적이면서 벌이 들어가서 살기에 공간 손실이 적은 합리적인 선택이다. 벌집이 6각형의 모습을 띠는 이유는 건축을 하는 방식에 기인한다. 벌이 방을 처음부터 육각형으로 만드는 것은 아니다. 벌은 자기 방을 만들 때 동그랗게 만든다. 이유는 간단하다. 벌들은 나무껍질이나 썩은 나무를 턱으

로 긁어 침으로 반죽해 물에 젖은 종이 같은 재질로 만들어서 집을 짓
는데, 이때 벌들은 건축 재료를 가지고 와서 제자리에서 빙 돌면서 벽
을 세우기 때문이다. 이는 마치 어린아이가 혼자 해변가 모래사장에
주저앉아서 바닷물에 젖은 모래로 자기 주변에 모래성을 쌓으면 원형
의 모래성이 나오는 것과 마찬가지다. 벌은 이렇게 원초적으로 원형
의 방을 만든다. 그런데 상상해 보자. 원 모양의 방을 만들고 바로 옆
에 또 다른 원 모양의 방을 붙여서 만든다. 그리고 그 위에 또 다른 원
모양의 방을 만든다면 어디에 놓게 될까? 자연스럽게 아래 칸의 두
원과 원 사이에 위치시키게 된다. 그렇게 줄지은 원형의 방들은 줄이
바뀔 때마다 반 칸씩 옆으로 밀리면서 쌓인다. 그리고 이들 원형의 방
들이 중력에 의해서 서로 눌리게 되면 6각형의 모양이 만들어지고 그
모양이 구조적으로 가장 안정적인 상태로 정착되는 것이다. 벌은 공
중에 원을 만들었고, 원들이 합쳐진 집합체가 되면서 육각형체의 벌
집이 완성된 것이다. 반면에 개미집의 경우는 복잡한 미로 같은 형태
를 띠면서 골목골목으로 연결되어 있다. 마치 관계의 회로망을 보는
듯하다. 개미집은 지역에 따라서 땅속에 있는 경우도 있고 땅 위로 솟
아난 경우도 있다. 하지만 어느 개미집이나 외부 형태는 중요하지 않
고 내부에 네트워크로 구성된 연결망이 중요하다. 즉 방끼리의 관계
가 중요한 건축이다.

두 곤충의 건축 모양이 다른 이유는 날개가 없는 개미는 땅과 연결해
서 집을 짓는 반면, 하늘을 날 수 있는 벌은 아무것도 없는 공중에 집을
짓기 때문일 것이다. 건축을 땅에서 시작하는 개미는 땅과의 연결로
인해서 관계 중심의 집을, 배경이 전무한 공중에서 시작하는 벌은 기

개미집과 벌집

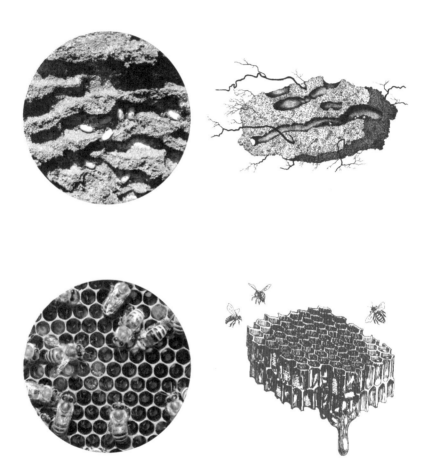

하학적인 집을 지었다.

극동아시아 문화는 유교가 지배적이었다. 사후 세계보다는 현생을 더 중요하게 생각하고 땅 위에서의 현실 삶에서 충忠이나 효孝 같은 관계를 중요시했다. 기둥 구조를 써서 기둥과 기둥 사이로 주변 환경이 잘 보이는 동양의 건축은 땅과 연결되어서 집을 짓는 개미처럼 주변 환경과의 관계성이 중요시되는 건축의 성격을 띤다. 반면에 유럽은 이집트, 그리스, 기독교에서 공통적으로 사후 세계, 이데아의 세계, 눈에 보이지 않는 위로부터 오는 형이상학적 원칙을 중요시했다. 이들은 땅과는 관련 없이 다른 차원의 세상에서 관념적으로 무에서 새로운 법칙을 만든다. 이러한 문화적인 특징은 주변의 아무런 영향 없이 내재된 법칙에 의해서 허공에 집을 짓는 벌과 비슷하다. 서양의 공간은 주변과의 관계를 맺지 않고 자족적이고 자기 완결적이기 때문에 벌집처럼 기하학적인 형태로 발전하게 되었다. '피라미드'나 '판테온'도 주변 환경과 상관없이 자족적인 법칙에 의해서 디자인되었다. 그리고 그 법칙은 수학적 논리를 기반으로 한다. 이렇게 서양의 종교적 공간은 기하학적으로 만들어진 것이다.

이쯤에서 의문이 드는 것이 있다. 이집트나 중국이나 둘 다 강 주변에서 농사지으면서 살던 사람들인데 왜 유독 이집트 사람들만 형이상학에 몰두하고 동아시아의 중국인들은 그렇지 않았을까? 이유는 물줄기의 방향에서 찾을 수 있을 것 같다. 나일강은 남에서 북으로 흐르는 강인데 이집트인들은 북쪽의 하류에서 살았다. 강이 남에서 북으로 흐르니 상류와 하류의 기후대가 다르다. 상류에서 폭우가 내려도 하류에서는 비가 오는지 알 수 없기 때문에 하류에서의 홍수는 급작스럽게 닥치는 일이다. 그러다 보니 이 세상 사건의 원인을 눈에 보이지 않는 데서 찾게 된다. 이집트인들은 별자리를 보면서 앞으로 다가올, 땅에서의 홍수를 예측했다. 별자리의 모양이 특정 기하학적 형태를 띠면 어김없이 홍수가 나타난다는 규칙을 발견한 것이다. 때문에 그들은 시간이 지나면서 하늘이라는 형이상학적인 규칙이 땅의 형이하학적인 현상을 설명할 수 있다고 믿게 됐을 것으로 보인다.

반면에 중국 문명의 근원인 황하는 동서로 흐른다. 아무리 길어도 강이 비슷한 위도에 위치하기에 비가 많이 오는 우기가 같다. 게다가 황하나 양쯔강은 서쪽에서 동쪽으로 흐르기 때문에 강의 하구가 동쪽에 위치한다. 그런데 계절풍이 가져오는 비구름은 주로 동에서 서로 이동한다. 그러다 보니 큰비는 강의 하구부터 내리는 경우가 더 많았고, 중국인들은 범람의 원인을 주변에서 찾을 수 있었다. 이렇게 중국의 황하 문명은 현실에서의 원인을 주변에서 찾을 수 있는 자연 환경을 가지고 있다. 그러면서 주로 벼농사를 짓다 보니 관계를 중시하는 가치관을 갖게 된 것이다.

그렇다면 이집트의 나일강같이 남북으로 흐르는 베트남 메콩강의 경우에는 왜 이집트 문명 같은 형이상학에 집착하는 문명이 만들어지지 않았을까. 이유는 메콩강은 남북으로 흘러도 상류나 하류나 둘다 같은 열대 기후대이기 때문이다. 메콩강은 나일강처럼 다른 기후대에 걸친 강이 아니다. 우기가 오면 강의 상류나 하류나 모두 비가 내린다. 따라서 이집트인들처럼 범람의 원인에 대해서 형이상학적인 생각을 하지는 않았을 것이다. 그렇다면 남북으로 흐르고 다른 기후대에 위치한 북아메리카 대륙의 미시시피강에서는 왜 문명이 크게 발전하지 못했을까. 이에 대한 답은 재러드 다이아몬드의 『총, 균, 쇠』에 잘 설명되어 있다. 그 책에 의하면 북아메리카 대륙은 지리적인 이유에서 농업이 발달하기 어려웠다. 인류의 여정은 수렵 채집을 하면서 아프리카에서 시작되었고 점차 동쪽으로 이동했다. 아메리카 대륙으로 인류가 넘어가게 된 시점은 빙하기 때다. 이때는 해수면이 지금보다 현저히 낮은 시기여서 현재의 베링해는 육지였고 빙하로 덮여 있던 시절이다. 이때 잠시 날이 따뜻해져서 빙하가 녹았을 때 그 길을 따라서 사냥감을 따라 이동하면서 아메리카 대륙으로 건너갔다. 그런데 이곳에서 이들은 남북 방향으로 긴 아메리카 대륙을 종단해야 했다. 남북으로 긴 아메리카 대륙은 위도가 바뀔 때마다 기후가 달라져서 농업이 전파되기 불리한 조건이었다는 것이 다이아몬드 교수의 설명이다. 그래서 영국이 미국을 식민지로 만들 때까지도 북아메리카 인디언들은 농사를 통한 국가 형성보다는 버팔로를 잡으면서 사는 수렵 채집의 부족 사회로 남아 있게 된 것이다. 게다가 미시시피강은 다른 기후대에 걸쳐서 남북으로 흐르기는 하지만 대륙의 동쪽에 위치하고 있어서 동아시아처럼 계절풍의 영향을 받는다. 지금도 미시시피강의 하류에 위치한

　　　　　　　　　　　　　　　4장. 두 개의 다른 문화 유전자

뉴올리언스에는 정기적으로 허리케인이 덮친다. 그래서 뉴올리언스는 남북으로 흐르는 미시시피강 하구에 있고 이집트의 룩소르, 메소포타미아의 우루크와 비슷한 북위 32도의 위치에 있음에도 불구하고 고대 문명이 발생하지 못했던 것이다. 오히려 남북으로 흐르는 강이 없었던 멕시코와 남미 지역에 마야나 잉카 문명이 유라시아대륙보다 한참 늦게 문명의 꽃을 피웠다. 하지만 스페인 정복자가 전파한 세균에 의해 붕괴되었다.

지금까지 서로 다른 지리적 조건에 의해서 만들어진 동서양 문화 특징의 차이에 대해 설명했다. 서양은 기하학적인 공간 구조, 동양은 관계 중심의 사고방식을 가진다고 살펴보았다. 이러한 개념을 가지고 우리나라 통일 신라 시대의 '석굴암(751~771)'을 살펴보면 흥미로운 모습을 발견할 수 있다. '석굴암'은 우리나라 전통 건축에서 찾아보기 힘든 기하학적인 건축물이다. 앞서 살펴본 바와 같이 서양의 종교 건축물은 기하학적인 형태로 만들어진다. 대표적인 것이 '판테온'이고, 이후에 만들어진 '하기아소피아 성당' 같은 건축물도 단면과 평면은 원과 직사각형의 기하학으로 분석 가능하다. '판테온'은 평면과 단면 모두 43.3미터 직경의 원이 들어가는 구성의 공간이다. 반면 비가 많이 오는 기후대에 벼농사를 짓는 우리 건축은 가벼운 목구조를 이용했고, 가치관은 관계를 중요하게 생각했다. 그래서 종교 건축에서도 기하학은 좀처럼 보이지 않는다. 그런데 특별한 예외가 '석굴암'이다. '석굴암'은 직경 6.7미터의 원이 들어가는 평면과 단면을 가진다. 내부 공간의 형태를 보면 '미니 판테온'이다. '석굴암'의 기하학적인 디자인으로 미루어 보아 당시 통일 신라라는 국가가 얼마나 국제적이었는지 상상해 볼 수 있다. 오히려 폐쇄적이고 중국에만 의존했던 조선보다 해외와의 교류가 더 활발했던 것으로 추측된다. 가락국 김수로왕의 왕비가 인도 아유타국에서 온 허황옥 공주였다는 설화가 있다. 이런 이야기로 미루어 보아 한반도는 이미 바닷길을 통해서 인도, 페르시아, 유럽의 문화를 전수받을 수 있는 경로가 있었던 것으로 보인다. 문화가 전파되면 건축에 반영된다. '석굴암'은 서양 건축 문화가 통일 신라 시대에 영향을 미친 결과물이라고 생각된다.

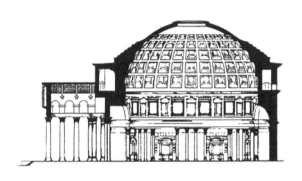

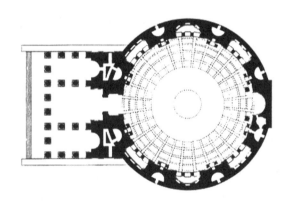

'판테온'의 평면 단면(125년, 로마)

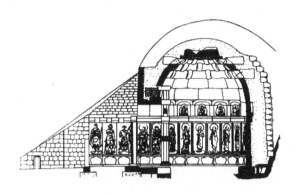

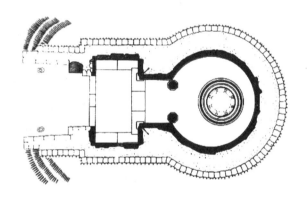

'석굴암'의 평면 단면(751-771, 통일신라)

'판테온'과 '석굴암'은 유사하기도 하지만 다른 점도 있다. 첫째 '판테온'은 비워진 공간에 위로부터 빛이 떨어지는 공간이다. '판테온'은 모든 신을 위한 신전인 '만신전'이어야 했기 때문에 어느 특정한 신의 조각상을 둘 수 없었다. 그래서 공간을 비우고 빛으로 채웠다. 반면에 불교 사찰인 '석굴암'은 불상을 가운데에 두었다. 이보다 더 큰 차이점은 '판테온'은 밖에서 보면 건축물로 보이지만, '석굴암'은 건축을 마친 다음에 흙을 쌓아 덮어서 건물을 지워 버렸다는 점이다. 이것이 '석굴암'이 특별한 가장 큰 이유다. 건축에서 공간을 만드는 방법은 크게 두 가지다. 하나는 벽이나 기둥을 세우고 지붕을 덮어서 공간을 구획하는 구축을 통해서 만드는 방법이고, 다른 하나는 땅이나 바위 같은 덩어리를 파내어 공간을 만드는 방식이다. '불국사'와 '석굴암'은 한 세트로 되어 있는데, 건축 설계를 한 김대성은 '불국사'를 만들 때는 첫 번째 방식인 구축의 방식으로 만든 반면, '석굴암'은 굴을 파내는 방식으로 만들고자 했던 것으로 보인다. 물론 '석굴암'도 석재로 구축하면서 만들었지만, 결정적으로 마지막에 건축물을 흙으로 다시 덮어서 굴처럼 만들었다. 김대성은 '석굴암'이 땅을 파내어 만든 것처럼 보이고 싶었던 것 같다. 이 같은 디자인은 '석굴암'을 '음陰'의 공간인 빈 공간으로만 만들려 한 김대성의 의도가 보인다. 건물의 외양이 보이게 되면 '양陽'의 공간이 되기 때문이다. 양의 공간은 이미 서측에 있는 '불국사'에 완성되어 있다.

우리는 '불국사'와 '석굴암'의 디자인을 통해서 설계자 김대성의 머릿속을 엿볼 수 있다. 김대성의 설계는 반대되는 것의 병치를 추구한다. 우선 토함산을 기점으로 동쪽에는 땅을 파내서 공간을 만드는 방식처럼 보이게 하여 음의 공간인 '석굴암'을 만들었고, 서측에는 반대로 기둥과 보를 쌓는 구축 방식으로 양의 공간인 '불국사'를 건축했다. '불국사' 경내에 들어가면 마당에 '석가탑'과 '다보탑'이 보인다. '다보탑'은 우리나라 수천 년 역사상 가장 화려한 디자인의 석탑인 반면, '석가탑'은 미니멀한 디자인의 극치다. 두 개의 탑이 아사달이라는 한 작가에 의해서 만들어졌다는 것이 놀랍다. 이처럼 김대성은 반대되는 것을 한 쌍으로 만든다. 서로 반대되는 음과 양을 병치해서 조화를 이루게 한다는 것은 도교 사상의 핵심이다. 도교는 음양의 조화로 세상을 이해한다. 따라서 실제로 '불국사'와 '석굴암'은 불교를 위한 건축물이지만 건축 배치와 설계의 원리에는 도교 사상이 깔려 있다. 이처럼 통일 신라의 문화는 상당한 '복합 문화'였음을 추측해 볼 수 있다. '불국사'는 동서양 문화의 융합을 보여 주고 있다.

통일 신라 시대에 이 같은 다양한 문화의 융합이 가능했던 것은 통일 신라의 수도가 경주에 있었기 때문인 것으로 판단된다. 경주는 한반도 남단의 바닷가에 가깝게 위치해 있다. 위치상으로 대륙에서 오는 문명과 해양에서 전파되어서 오는 문명을 동시에 받을 수 있다. 따라서 바다를 통해서는 기하학적인 서양의 건축 양식을 받아들여서 '석굴암'을 디자인했고, 음양의 병치를 보여 주는 배치 개념은 중국 대륙을 통해서 들어온 도가 사상의 영향을 받아서 디자인한 것이다. 흥미로운 것은 '석굴암' 이후 불교 사찰에 기하학적인 공간의 사례는 보이지 않는다는 점이다. 그 이유는 통일 신라 이후에 한반도를 통일한 고려의 수도가 개성에 있었기 때문인 것으로 보인다. 대륙과 해양의 접점에 있었던 통일 신라의 경주와 달리 개성은 한반도의 중앙에 위치하고 있어서 대륙의 영향력이 상대적으로 더 커졌기 때문이라고 생각된다. 국가의 중심축이 해양과 멀어지면서 대륙 문화와 해양 문화가 융합을 이룰 수 있는 모멘텀을 잃게 되었다. 물론 고고학적 근거가 없는 건축가의 상상일 뿐이다. 이러한 지형적인 배경은 현대의 역사까지도 지배한다. 우리나라는 사회주의 이념과 자유주의 이념으로 대립하고 있다. 사회주의 이념은 과거 시베리아와 중국 대륙을 통해서 북한으로 전파된 이념이다. 반대로 자유주의 이념은 남쪽 바닷길을 통해서 전파되어 경상도를 중심으로 확장되었다. 이러한 정치적 지형은 아직도 유효하다.

다른 기후와 지리적 조건에서 다르게 진화해 온 두 문화 유전자는 교통수단이 발달하게 되면서 서서히 이종 교배를 통해 새로운 세대의 문화를 만든다. 다음 장에서는 어떠한 과정을 통해서 문화 유전자의 교배가 본격적으로 이루어졌는지 살펴보자.

'다보탑'(좌)과 '석가탑'

'불국사'(위)와 '석굴암'

4장. 두 개의 다른 문화 유전자

5장. 도자기는 어떻게 서양의 문화를 바꾸었는가

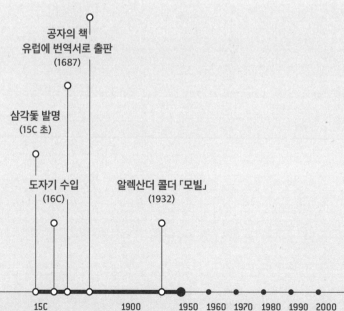

험프리 랩턴
『조경 디자인의 이론과
실습 관찰』 출간
(1803)

공자의 책
유럽에 번역서로 출판
(1687)

삼각돛 발명
(15C 초)

도자기 수입
(16C)

알렉산더 콜더 「모빌」
(1932)

BC 300   15C   1900   1950 1960 1970 1980 1990 2000

삼각돛이 만든 공간적 혁명

서양과 동양은 로마 제국과 한나라 시대부터 실크로드를 통해 무역을 해 왔다. 주된 교역 품목은 중국의 비단과 동남아시아의 향신료였다. 시안에서 로마까지는 직선거리로 8천 킬로미터의 거리였고 당시에는 육로를 통해서 이동해야 했다. 서쪽의 로마와 동쪽의 시안을 동시에 알 수 있는 위치는 중동 지역이기 때문에 중계 무역 상인은 중동 지역 사람일 수밖에 없다. 당시 교통수단과 거리를 감안해 보면 거래 상품은 가볍고 운반 시 깨지지 않으면서 비싸게 팔 수 있는 품목이어야 한다. 여기에 해당하는 것이 비단과 향신료다. 후추 같은 향신료는 냉장고가 없던 시절에 고기의 부패를 방지해 주는 기능을 했기에 고가의 생필품에 해당한다. 고대 그리스 시대 사람들의 옷을 보면 모두 흰색 옷만 두르고 있다. 색상이 있는 옷감을 대량 생산할 기술이 없었던 것이다. 총천연색으로 각종 문양이 직조된 비단은 서양 사람들 시선에는 최첨단 제품에 해당한다. 흑백TV 보다가 컬러TV를 보는 차이였을 것이다. 하지만 이들 품목들은 고가의 제품이어서 대량으로 수입하기 어려웠고 따라서 사회 전체에 문화적인 영향을 주기 힘들었다. 그저 일부 귀족들의 특별한 문화였을 뿐이었다.

이런 상황이 천 년 넘게 지속되다가 큰 변화가 생겨났다. 삼각돛의 발명 덕분이다. 기존의 배들은 사람이 직접 노를 젓는 인력을 이용하거나 뒤에서 오는 바람을 이용해서 운항하는 수준의 기술을 가지고 있었다. 잠시 초등학교 과학 시간에 배운 이야기를 해 보자. '비열'은 단위 질량의 물질의 온도를 1도 올리는 데 필요한 에너지를 말한다. 비열이 높은 물질은 온도를 높이기가 어렵고 비열이 낮으면 온도가 쉽게 올라간다. 물은 흙보다 비열이 높다. 따라서 낮에 햇볕을 똑같이 받으면 땅이 바닷물보다 온도가 빠르게 올라간다. 땅에 상승 기류가 생기면서 기압이 낮아지면 바다 위의 공기가 그 자리를 채우면서 바람은 바다에서 육지로 분다. 밤 시간이 되어 식을 때는 반대로 땅이 빨리 식고 바다는 천천히 식는다. 때문에 바람의 방향은 반대로 육지에서 바다로 분다. 뒤에서 오는 바람을 이용해서 움직이는 낮은 수준의 기술을 가지고 있었던 배는 이 바람을 잘 이용해야 한다. 그래서 일반적으로 옛 어부들은 새벽에 육지에서 바다로 부는 육풍을 등에 받고 고기를 잡으러 바다로 나가고, 일을 마친 후 오후에는 바다에서 육지로 부는 해풍을 받고 항구로 돌아왔다. 그리스·로마 시대에도 돛을 이용했지만 뒤에서부터 오는 바람만 사용할 수 있었기 때문에 바람이 앞에서 불거나 혹은 바람이 전혀 불지 않을 때에는 사람이 노를 저어서 배를 움직여야만 했다. 로마가 지중해를 지배할 수 있었던 것은 갤리선 배 바닥에서 노예들이 엄청나게 노를 저었기 때문에 가능했다. 그 모습은 영화 <벤허>에 실감나게 담겨 있다. 갤리선은 자연의 힘을 절반만 사용하고 나머지는 인간의 힘으로 메꿔야 했던 배다. 이런 배로는 항해 거리가 지중해를 남북으로 건널 정도밖에 되지 않는다. 갤리선으로 만들 수 있는 문명의 무대는 지중해였고 그 보다 큰 대서양 같은 바다는 건널 수 없었다. 지중해는 보통 500킬로미터 내에서 육지를 찾을 수 있었기 때문에 뒤에서 오는 바람과 인력만으로 건널 수 있었지만, 최소 3,000킬로미터가 넘는 대서양의 폭은 한 번에 건너기가 어려웠다.

그러다가 삼각돛이라는 기술이 발명되었다. 삼각돛은 기존의 갤리선에서 사용하던 돛과 달리 뒤에서 불어오는 바람뿐 아니라 앞에서 불어오는 바람도 이용할 수 있는 새로운 기술이다. 기존의 로마 갤리선 같은 배에 달린 돛은 직사각형 모양이다. 이는 뒤에서 오는 바람을 크게 받아서 앞으로 빨리 가게 해 주는 돛이다. 그런데 삼각돛은 배의 앞부분에 달린 삼각형 모양의 돛으로, 돛대를 축으로 회전시킬 수 있게 되어 있는 돛이다. 바람이 앞에서 불어올 때 삼각돛을 회전시키면 돛의 바깥쪽 바람이 안쪽의 바람보다 빠르게 흘러간다. 그러면 바깥쪽의 압력이 낮아져서 배를 잡아끄는 힘이 된다. 이를 물리학에서는 '베르누이 원리'라고 한다. 베르누이 원리는 비행기를 뜨게 하는 양력의 원리이기도 하다. 비행기 날개의 단면은 위가 불룩하고 아래는 평평하다. 비행기가 앞으로 달려가면 비행기 날개 주변의 바람이 날개 윗부분은 곡면을 따라서 움직여야 하기 때문에 빠르게 움직이고 아랫부분은 천천히 움직인다. 빠르게 움직이는 바람의 공기는 압력이 낮아진다. 날개 위의 압력이 낮고 날개 아래의 압력이 높게 되면서 비행기를 위로 들어 올리게 되는 것이다. 이것이 베르누이 원리다. 같은 원리로, 삼각돛에서 만들어지는 압력 차이로 배는 비스듬하게 앞으로 전진한다. 그러면 배는 어느 정도 이동하다가 삼각돛을 반대로 회전시킨다. 그렇게 되면 반대 방향으로 비스듬하게 전진한다. 이렇게 바람이 앞에서 올 때에도 삼각돛을 좌우로 움직이면 배는 지그재그 형태로 앞으로 나갈 수 있게 된다. 일반적인 범선의 모습을 보면 배의 앞부분에는 삼각돛을 달고 가운데의 높은 돛은 직사각형 돛을 달고 있다. 이렇게 함으로써 뒤에서 바람이 불면 빠르게 진행하고 앞에서 바람이 불면 삼각돛으로 진행하는 배가 만들어졌다. 비로소 인간은 인간의 노동력 없이 백 퍼센트 바람이라는 자연의 힘으로만 운항하는 배를 갖게 되었고, 항해 거리는 혁명적으로 늘어나게 되었다.

그럼 누가 왜 이런 돛을 만들었을까? 목마른 사람이 우물 판다고, 이러한 삼각돛이 절실히 필요한 사람은 북위 30도 이상에 사는 사람들이다. 지구의 북반구에는 북위 30도에서 60도 사이에는 바람이 서에서 동으로 부는 편서풍이 분다. 따라서 북위 30도 위에 사는 사람들이 편서풍을 뚫고 남쪽으로 내려와 지중해에서 무역을 하려면 뒤에서 오는 바람 없이 항해할 방법이 필요했다. 이런 필요에 의해서 15세기 들어 네덜란드에서 삼각돛을 이용해서 범선을 개발했고 이후 삼각돛은 주로 영국이나 네덜란드에서 발달하게 되었다. 역설적으로 이들은 이후 세계의 바다를 지배할 수 있는 능력을 갖게 되었다. 가뭄이 농업의 시대를 열었듯이 편서풍이라는 제약은 새로운 기술의 시대를 여는 방아쇠가 되었다. 에디슨의 말처럼 '필요는 발명의 어머니'다.

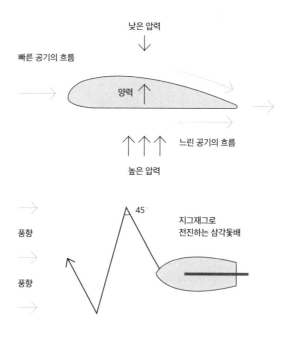

삼각돛의 등장으로 유럽은 15세기 들어서 대항해의 시대가 열리게 되었다. 15세기 포르투갈의 항해왕자 엔히크도 삼각돛을 이용해서 포르투갈부터 아프리카까지 해안선을 따라 장거리 항해를 할 수 있었다. 이후에 이 항해로를 연장해서 아프리카 남단의 희망봉을 돌아서 인도로 갈 수 있는 길을 찾게 된다. 아프리카 대륙을 돌아서 가는 길이 너무 길다고 생각한 콜럼버스는 항해의 방향을 남쪽 아프리카 방향 대신 서쪽으로 가서 인도로 가는 단축로를 구상했다가 아메리카 대륙을 발견하는데, 콜럼버스가 대서양을 건널 때에도 삼각돛을 이용하였다. 이전에는 노를 젓고 뒤에서 오는 바람을 이용해서 지중해를 남북으로 건널 정도의 능력 정도였다면, 이제는 대서양을 건널 정도의 장거리를 항해할 수 있게 되었다. 동로마 제국이 오스만 튀르크에 멸망당하면서 유럽 상인들은 더 이상 중동을 관통한 육로로 편안하게 아시아에 접근할 수 없게 되었다. 이제 배를 통해서 동양의 제품을 수입해야 하는 시대가 열렸다.

배는 낙타와는 다르다. 운반할 수 있는 품목의 양도 수천 배가 늘어났고, 부피가 있거나 깨지기 쉬운 품목도 대량으로 옮길 수 있게 되었다. 따라서 주요 수입 품목은 비단과 향신료에서 도자기로 바뀌게 된다. 보따리 장사에서 기업형으로 바뀐 것이다. 이전에는 낙타를 이용해서 사막을 건널 수 있었던 중동 상인들이 전 세계 무역을 장악했다면 이제는 범선으로 먼 바닷길을 건널 수 있게 된 유럽인들이 세계 무역권을 갖게 되었다. 무역이 늘어나면서 유럽 사회 내 통화량이 늘어났다. 화폐는 빠르게 움직이는 경제 재화다. 화폐량이 늘어서 사회 경제 내에서 부가 빠르게 이동하면 사회 내 계층 간 부의 이동이 생겨나고 새로운 부자가 생겨난다. 대표적인 사례가 메디치 가문 같은 상업에 기반을 둔 계층이다. 이들은 기존의 토지와 농업 경제에 기반을 둔 전

5장. 도자기는 어떻게 서양의 문화를 바꾸었는가

페테르 클라스Pieter Claesz의 「칠면조 파이가 있는 정물 Still-Life With Turkey-Pie」(1627). 16-17세기 유럽에서 금속 식기를 사용했음을 알 수 있다.

통적인 부자와는 다른 방법으로 부를 축적한 사람들이다. 변화의 주체
인 이들은 일반적으로 기존의 보수적인 지배 계층보다는 변화와 새로
운 문화에 호기심이 많고 개방적이다. 마치 영화나 IT 같은 당대의 첨
단 기술로 돈을 버는 미국 서부 지역 사람들이 유럽과의 관계로 전통
적인 방식으로 돈을 버는 동부 지역보다 좀 더 개방적이고 진보적인 성
향을 띠는 것과 비슷하다. 유럽의 새로운 상인 계층은 동양의 문화를
받아들여서 서양의 문화를 진화시켰다. 이때 15세기 동양 문화의 전령
역할을 맡은 제품은 중국의 도자기였다. 삼각돛은 지구라는 거대한 공
간을 바닷길을 통해서 압축시켰고 그 길을 따라 도자기가 유럽으로 대
량 흘러들어 갔다.

동양에서 수입되는 품목이 소량의 비단에서 대량의 도자기로 바뀌면서
유럽 내에 문화적 변화가 생겨났다. 영어권에서는 도자기를 '차이나'라
고 표현한다. 그 단어가 만들어진 배경은 유럽인들이 도자기라는 새로
운 유형의 그릇을 중국에서 수입해 처음 접했기 때문이다. 당시의 도자
기는 지금의 도자기와는 의미가 다르다. 서양 사람들은 도자기를 만들
수 없었다. 16세기 서양의 그림들을 보면 당시 유럽 귀족들은 금속으로
된 무거운 식기를 사용하고 있었다. 하지만 도자기는 가볍고 밝고 심지
어 아름다운 그림도 그려져 있다. 당시 서양인들에게 중국식 도자기는
첨단 과학의 결정체였다. 마치 현대의 최첨단 IT 기기와 같다고 할 수
있다. 우리가 2000년대 초반에 애플의 아이폰에 열광한 것처럼 유럽인
들은 도자기에 열광했다. 제품을 선망하면 자연스레 그 나라의 문화를
수용하게 된다. 그 나라의 문화를 선망해도 그 나라의 제품을 선망하게
된다. 지금처럼 정보를 쉽게 얻을 수 있는 인터넷이나 방송이 없던 시
절, 유럽인들은 마르코 폴로가 쓴 『동방견문록』 정도에 의지해서 중국
을 상상할 수밖에 없었다. 마르코 폴로는 화려한 이야기꾼답게 일반 서
양인들이 가 볼 수 없었던 중국에 대해 환상적인 이미지로 과장해서 설
명했다. 마치 군대를 제대한 남성들이 군대를 경험할 일이 없는 여자 친
구에게 군대 이야기를 조금 과장해서 하는 것과 마찬가지다. 확인할 방
법이 없으니 하고 싶은 대로 이야기하게 된다. 게다가 중국은 종이, 화
약, 비단 등 천 년 넘게 최첨단 제품을 공급해 오던 나라다. 자연스럽게
그 나라에 대한 환상을 품게 된다. 그렇게 유럽인들은 동양을 동경하
게 되었고, 중국과 일본은 그 대표적인 대상 국가가 되었다. 지금도 해

외에서 바라보는 두 나라에 대한 시각은 우리나라와는 사뭇 다른 수준이다. 그 이유는 중국과 일본은 도자기를 수출한 나라였고, 우리나라는 높은 수준의 도자기를 만들었지만 수출을 하지 않았기 때문이다. 수출은 그렇게 중요하다. 그나마 우리나라가 1970년대 이후 수출 주도형 산업을 육성했기에 지금의 한류가 가능한 것이다. 개인적으로 한류가 성공적인 것은 삼성 핸드폰의 역할이 컸다고 생각한다. 1999년 미국 NBC 방송의 인기 아침 프로그램에서 삼성 핸드폰은 물에 넣었다가 꺼내도 작동한다는 시연을 하고 나서부터 한국은 첨단 기술의 이미지를 갖게 되었다. 문화를 팔기 위해서는 첨단 제품이 필요하다. 1970년대 우리가 <6백만 달러의 사나이> 같은 미국 드라마에 심취했던 것은 제2차 세계 대전의 원자폭탄과 1969년의 아폴로 우주선이 있었기에 가능했던 것이다. 21세기의 첨단 제품이 스마트폰이라면 수백 년 전에는 도자기가 그 역할을 했다.

도자기를 통해서 중국식 문화가 서양에 전파되었다. 유럽은 계속해서 중국으로부터 도자기를 수입해서 사용했는데, 당시 중국 왕조는 이를 통해서 막대한 부를 축척했고 도자기 대금으로 받은 멕시코산 은으로 현재의 우리가 볼 수 있는 만리장성을 복원했다. 당시 도자기 생산은 황실에서 독점하고 있었다. 이는 마치 청와대가 삼성 반도체 공장을 가지고 있는 것과 마찬가지다. 징더전景德鎮이라는 중국의 도자기 생산 주요 기지가 있었는데 가마가 1천 개 있었고, 연간 400만 개의 도자기를 생산할 정도였다. 하지만 1601년 징더전 도기공들의 노사 분규를 시작으로 1675년 만주 반란군에 의한 파괴 등 17세기 들어서 여러 차례의 민란으로 징더전의 도자기 공장은 점차 파괴되었다. 서양의 도자기 수입 회사는 중국을 대체할 도자기 공급선이 필요했고, 그 기회를 틈타서 일본이 도자기 수출의 교두보를 차지하게 되었다. 일본이 이렇게 수출할 수 있었던 것은 상업이 발달했기 때문이다. 일본이 조선보다 상업이 발달한 데는 건축적인 이유가 있다. 전작 『어디서 살 것인가』에서 설명했듯이 일본은 지진 때문에 온돌이라는 난방 시스템을 쓰지 못했고, 덕분에 목조 건축이지만 2층 이상의 주거를 지을 수 있었다. 이를 통해 고밀화된 도시를 만들 수 있었고, 덕분에 주변에 물건을 사 줄 사람이 많아서 상인들이 돈을 벌수 있었으며 이들은 사회에서 영향력 있는 한 계층을 차지했기 때문이다. 온돌 때문에 단층짜리 집만 짓고 살았던 조선은 고밀화된 도시가 만들어지지 않았고, 주변에 물건을 사 줄 사람이 적었기에 상업이 발달할 수 없었다. 우리는 그저 닷새에 한 번씩 열리는 5일장을 통해서만 상업 행위가 이루어졌다. 매일 시장이 열리는 사회와 닷새에 한 번 시장이 열리는 사회는 화폐 통화량에서 5배의 차이가 난다. 화폐 통화량이 5분의 1이 되면 상업으로 새롭게 돈을 벌 기회도 5분의 1이 된다. 5일장의 사회에서는 상인이 성장할 수 없다. 그래서 조선시대 사회 계층의 순서는 '사농공상'으로, 상인이 가장 대우를 못 받았다. 조선은 국운을 바꿀 만한 엄청난 도자기 수출의 기회를 가지고 있었음에도 높은 인구밀도의 도시가 없었고 그에 따라서 제대로 된 상인이 없었기 때문에 그 기회를 잡지 못하고 일본에게 빼앗기게 된 것이다.

중국 징더전이 파괴된 틈을 타서 도자기 유럽 수출의 기회를 잡게 된 일본은 도자기가 이동 중에 파손되지 않게 종이로 도자기를 포장하였다. 이때 사용된 포장지가 목판화로 찍어 낸 그림들이었다. 이 그림들은 우키요에Ukiyo-e라는 목판화로, 세 가지 정도의 색을 조합해서 총천연색 그림을 대량 생산했던 기술이다. 이것이 계기가 되어서 일본의 밝고 화려한 색상의 우키요에 목판화가 서양에 알려지게 됐고 훗날 빈센트 반 고흐Vincent van Gogh(1853~1890)를 비롯한 인상파 화가의 그림에까지 영향을 미치게 되었다. 특히 고흐는 네덜란드 화가였는데, 마침 네덜란드는 동양의 도자기를 유럽에 수입해서 판매하는 주요 거점 국가였다. 수입된 도자기 상자를 뜯고 나서 버려지는 포장지가 유럽의 화가들에게는 영감의 원천이 된 것이다. 마네의 그림들을 보면 일본을 모티브로 한 그림이 많이 보이며, 모네의 경우에는 자신의 집 정원 속 연못에 일본식 목조 다리를 놓고 연꽃 그림을 그렸을 정도로 당대 유럽 화가들은 일본식 문화에 푹 빠져 있었다. 과거 로마 시대 때도 로마에 수입된 중국 비단은 금과 동일한 무게로 팔릴 정도로 중국에 대한 동경이 컸지만, 실크로드를 통해서 수입할 수 있었던 비단은 양이 적었기 때문에 극소수 부유층의 전유물일 수밖에 없었다. 하지만 15세기 이후에는 포르투갈, 스페인, 네덜란드의 주도로 바닷길을 통한 물류 유통이 완성되어 동양의 물품이 대량으로 서양에 전파될 수 있었다. 대량으로 전파된 동양의 물품은 본격적으로 서양의 대중문화에 영향을 미치게 되었다.

일본의 건축물을 볼 수 있는 우키요에

우타가와 히로시게의 「사루와카 거리의 밤 풍경」(1857)과 빈센트 반 고흐의 「밤의 카페 테라스」(1888)는 비슷한 구도와 색감 때문에 자주 비교된다.

           5장. 도자기는 어떻게 서양의 문화를 바꾸었는가

제품의 교류뿐 아니라 다양한 번역서를 통해서 생각의 교류도 이루어
지게 되었다. 동양과 서양은 16세기까지는 책과 텍스트를 통한 지식
의 교류가 없었다고 해도 과언이 아니다. 그러다가 변화가 생겼다. 첫
번째 문화적 물결은 중국에서 유럽으로 전해졌다. 동인도회사의 대사
가 1663년부터 1667년까지 중국을 여행했는데, 이때의 여행 내용을 그
림과 더불어 자세하게 기록한 보고서가 1669년에 출판되었다. 그리고
1687년에는 공자의 철학을 설명해 주는 책이 번역되어 파리에서 출판
되었다. 이러한 영향으로 17세기 유럽은 새롭고 이국적인 중국 문화에
매료되었다. 심지어 유럽의 어떤 학생들은 중국의 예술과 과학을 너무
나 동경한 나머지 자신이 유럽이 아닌 중국 출신이길 바란 사람도 있었
다고 한다. BTS 팬이 한국에 오고 싶어 하는 것과 비슷하다고 할 수 있
다. 중국의 문화는 계속해서 유럽에 전파되었는데, 1757년에 윌리엄 체
임버스William Chambers는 『중국의 건축 디자인』이라는 책을 출간하였으
며, 18세기 유럽의 계몽주의 사상가들은 기독교를 대체할 대안으로 공
자 철학을 제시하기도 했다. 반대로 당시 중국에서는 공자의 가르침에
서 불교적인 요소와 노자적인 요소를 제거하기 위해서 기독교를 사용
하기도 했다고 한다. 이렇게 유럽에 전파된 중국의 문화는 서서히 조경
디자인과 건축 디자인에 영향을 미치기 시작했다.

동양의 도자기가 서양으로 대량 유입되면서 처음으로 영향을 받은 디자인 분야는 조경이다. 왜냐하면 수입된 도자기 표면에 보통 정원이 그려져 있었기 때문이다. 서양인들은 생전 처음 보는 우아한 곡선 지붕의 건축물을 보고 흥미를 느꼈다. 그 충격은 마치 상자 같은 건물만 보면서 자라난 우리가 프랭크 게리의 '디즈니 콘서트홀'이나 동대문 'DDP' 같은 곡면의 건축물을 보았을 때와 비슷한 충격이 아니었을까 추측된다. 기존 유럽의 건축은 기하학적이고 직선의 경직된 모습인 반면, 도자기 속에 그려진 정자 건축은 자유로운 곡선의 모습이었다. 건축적으로 서양의 벽 중심의 건축과 달리 도자기 그림 속 건축물은 기둥과 지붕만 있는 정자가 그려져 있었다. 정원의 모습도 유럽의 정원은 직선의 기하학적인 디자인이었다면 도자기 속에 보이는 동양의 정원은 자연 그대로를 옮겨 놓은 듯한 느낌의 바위와 나무들의 배치였다. 서양인들은 이전에는 접해 본 적이 없는 새로운 정원과 건축물을 보고 동경하고 따라하게 되었다. 영국인들이 정원에 정자처럼 생긴 파고라pergola를 짓고 중국차를 마시는 전통은 이때부터 생겨난 것이다. 이러한 동양 스타일 따라 하기는 정원에 그치지 않고 문화 전반적으로 영향을 미치게 되어 지금의 '한류' 같은 일종의 중국풍이라고 할 수 있는 '시누아즈리'라는 현상이 나타났다. 시누아즈리는 문화적으로 강력하고 지속적이었던 유럽 내 경향 중 하나로 장식, 가구, 정원 내 설치된 탑, 식기, 벽걸이 융단 등 거의 모든 디자인 영역에 영향을 미쳤다.

명나라 시대 도자기. 도자기 속 그림의 정원, 건축물, 생활상 등이
서양의 조경과 건축 문화에 영향을 끼쳤다.

윌리엄 체임버스William Chambers가 18세기 런던에 건축한
시누아즈리풍의 탑(great pagoda)을 재건축한 모습

시누아즈리풍의 침대. 윌리엄 앤드 존 리넬
박물관 제143호-1921호(William and John
Linnell Museum no W.143-1921)

로마 시대부터 서양의 정원 디자인은 기하학적 형태의 평면이었다. 이 태리의 유명한 정원 디자인을 보면 거의 직선으로 구성되어 있다. 삼각형, 사각형, 원 같은 도형의 모양으로 정원이 만들어져 있고 그 사이를 직선의 길이 연결하고 있다. 곡선의 길이 있다고 해도 원이나 반원 같은 기하학적 곡선으로 만들어져 있다. 1583년에 완성된 르네상스의 대표 정원인 '빌라 데스테Villa d'Este'의 오리지널 디자인을 보면 정원 내 거의 모든 선이 직선으로 되어 있고, 삼각형, 사각형, 원밖에 보이지 않는다. 1634년에 완성된 베르사유 궁전의 조경수는 조폭 깍두기 머리처럼 가지가 기하학적으로 정리되어 있다. 서양인들은 심할 정도로 정원의 자연을 기하학에 끼워 맞춰 왔다. 서양의 조경 디자이너들은 정원을 디자인하면서 대지를 기하학적으로 분절하고 그 안에 자기 완성적인 우주를 창조하는 데 주력했다.

조경 디자인은 자연을 인공적으로 재현하는 것이다. 따라서 조경 디자인을 보면 그 사람이 세상을 어떻게 인식하는지 엿볼 수 있다. 전통적인 서양식 정원 디자인에는 서양인들이 세상을 바라보는 가치관이 드러난다. 당시 서양인들에게 우주는 수학적 원리에 의해서 만들어진 완벽한 창조물로 인식되었다. 그렇기 때문에 이들은 또 다른 자연을 창조해 내는 정원 디자인 역시 기하학적이고 수학적인 완벽성을 추구해야 한다고 믿었다. '매듭 정원'의 디자인을 보여 주는 목판화를 보자. 이 목판화는 1651년에 출판된 거베이스 마컴Gervase Markham의 저서 『시골 농장Country Farm』에서 발췌한 것인데, 이 그림에서 보이는 정원 구성은 체스판을 연상케 한다. 이 정원 디자인에서 각각의 네모진 구획은 자기 완성적인 시스템으로 채워져 있다. 이런 형식은 체스판에서 각각의 네모가 정해진 규칙에 의해서 움직이는 체스 말로 채워져 있는 것과 흡사

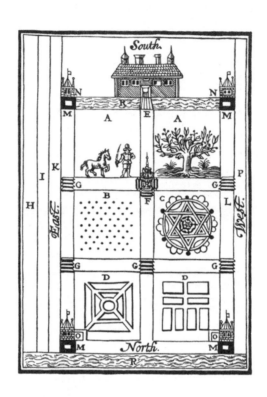

윌리언 로손William Lawson의 저서
『과수원과 정원New Orchard and Garden』
(1618)에 실려 있는 목판화

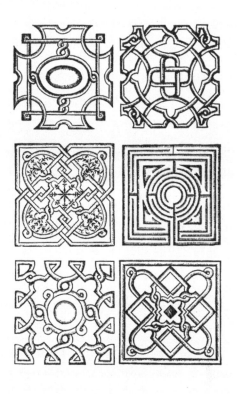

거베이스 마컴의 『시골 농장』에서
발췌한 정원의 샘플 목판화

하다. 전통적인 서양 정원은 이렇듯 기하학적인 패턴으로 구성되어 있다. 하지만 이 같은 경직성은 동양 문화의 영향으로 깨지기 시작한다. 스웨덴의 유명한 예술 역사가인 오스발드 사이렌Osvald Siren은 서양의 정원 디자인에서 이러한 변화가 어느 면에서는 분명히 중국 철학과 중국식 정원 디자인의 영향을 받아서 만들어진 것이라고 말했다. 도자기에 그려진 중국식 정원 디자인과 중국 철학은 자연을 대하는 유럽인의 자세를 바꾸어 놓았다. 그리고 이런 경향은 곧바로 정원 디자인에 반영되어서 기존의 기하학적 형태의 정원 디자인에서 야생 상태의 자연으로 환원시키듯 디자인하는 픽처레스크picturesque 정원 디자인으로 변화하게 되었다. 우리가 알 만한 정원 중 픽처레스크 양식으로 만들어진 대표적인 곳은 뉴욕 '센트럴 파크'다. '센트럴 파크'가 있는 지역이 지금의 공원처럼 원래 그렇게 나무가 울창하고 시냇물이 흐르는 곳은 아니었다. 그곳의 언덕, 나무, 수 공간 등은 실제 자연을 재현해 놓은 것 같은 모양으로 디자인되고 건설된 것이다. 실제로 '센트럴 파크'의 호수는 인공 호수고 흐르는 물은 모터 펌프를 이용해서 물을 공급하는 곳도 있다. 이처럼 자연을 모방해서 '자연스럽게' 디자인하는 것이 픽처레스크 정원 양식이다.

로마 교외 티볼리Tivoli에 있는 르네상스기의 대표적인 별장, 빌라 데스테Villa d'Este, 직선과 기하학으로만 디자인되었다.

대표적인 픽처레스크 정원 디자인인 뉴욕 '센트럴 파크'. 천연 자연의 모습처럼 자연스럽게 디자인되었다.

5장. 도자기는 어떻게 서양의 문화를 바꾸었는가

15세기에 들어서 삼각돛이 발명되고 난 후 공간이 압축되었고, 16세기에는 해상 무역 길을 통해서 도자기 무역이 본격적으로 시작되었고, 17세기에는 동양의 책이 번역되어서 유럽에 전파되었다. 패러다임은 꾸준히 변화하여 그 결과 18세기 들어서는 조경 디자인에서부터 서양의 패러다임 변화의 결과가 본격적으로 나타나기 시작한다. 그리고 그 변화는 픽처레스크라는 조경 디자인 양식으로 확립되었다. 픽처레스크란 쉽게 설명하면 '그림 같은 풍경'을 만드는 정원 디자인이라고 할 수 있다. 픽처레스크 정원 디자인의 창시자라 할 수 있는 18세기 조경가 험프리 렙턴Humphrey Repton(1752~1818)은 "보는 사람의 위치에 따라서 언덕이 될 수도, 평지가 될 수도 있다"고 말했다. 그는 정원을 디자인할 때, 정원 내에 위치한 개인의 시선에서 자연이 어떻게 보이는가를 가장 중요하게 생각했다. 렙턴은 보는 이의 위치가 정원 내 구성 요소 간의 관계를 결정한다고 생각했다. 렙턴이 정원 디자인에 대한 자신의 생각을 그린 그림을 보면 지평선과 소, 사람, 나무의 상호 관계가 보는 이의 위치에 의해서 변화하는 것을 알 수 있다. 산등성이에 서서 정원을 바라보는 사람에게 소는 산의 중턱에 서 있는 것으로 보인다. 그러나 계곡에 내려와 있는 사람에게 같은 소는 산꼭대기에 있는 것으로 보인다. 이 그림은 보는 사람의 위치에 따라서 정원 내 구성 요소의 관계가 바뀌는 것을 보여 주고 있다. 이는 마치 한자에서 근본 '본(本)'과 끝 '말(末)'자에서 '一(일)' 자가 놓인 '상대적인' 위치에 따라서 의미가 완전히 변화되는 것과 비슷하다. 기존의 기하학적인 정원은 3인칭 전지적 시점에서 내려다본 상태에서 디자인하는 것이다. 마치 사람이 평면의 종이를 위에서 내려다보고 삼각형, 원, 사각형의 도형을 그리는 것과 같다. 각각의 도형은 관찰자의 위치나 관찰자의 시점에서 본 경험을 중요하게 생각하지 않는다. 그런 전지적 시점의 디자인의 형식에서 바뀌어, 렙턴 같은 픽처레스크 정원을 디자인하는 사람들은 1인칭의 시점을 고려해서 자연을 연출한다. 픽처레스크 디자인에서는 오로지 1인칭 시점에서 어떻게 보이느냐가 중요한 의사 결정 포인트가 된다. 그렇게 디자인한 정원의 모양은 기하학적이지 않다. 왜냐하면 위에서 바라보는 시점에서 디자인하지 않았기 때문이다. 기하학적인 모양은 어차피 하늘 위에서 내려다보지 않고서는 느껴지지 않는 디자인이기 때문이다. 픽처레스크 정원에서는 기하학 대신에 자연을 흉내 낸 자연스러운 곡선을 사용한다.

험프리 렙턴의 『조경 디자인의 이론과 실습 관찰』(1803)에 삽입된 그림
지평선을 '一'자로 본다면 왼쪽 그림은 本, 오른쪽 그림은 末자와 같다.

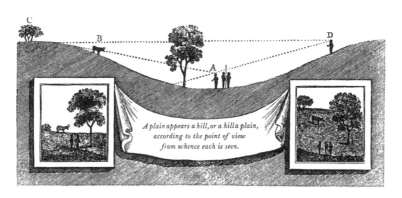

A plain appears a hill, or a hill a plain, according to the point of view from whence each is seen.

5장. 도자기는 어떻게 서양의 문화를 바꾸었는가

노자는 "가장 위대한 직선은 곡선처럼 보일 것이며, 가장 위대한 사각형은 모서리가 없다. 가장 위대한 이미지는 형태가 없다"고 말했다. 동양 철학이 추구하는 최고의 선善 중 하나는 자연과 하나 되는 것인데, 동양인들은 노자 사상과 같은 생각에 근거해서 정원을 디자인할 때 곡선을 사용했다. 그러한 동양적인 개념의 영향을 받아, 픽처레스크 정원 디자이너들은 정원 내에 동양식 정자를 짓고, 기하학적인 직선을 깨고 자연스러운 곡선을 도입했으며, 정원 내에 더 많은 빈 공간을 만들었다. 예를 들어서 1739년에 디자인된 초기의 '스토우 정원Stow Garden'은 인공적인 직선과 기하학적 축으로 자연과의 경계가 명확하게 규정된 디자인이었다. 하지만 14년이 지난 1753년의 기록을 살펴보면 다양한 곡선이 도입되고 경계가 모호해지는 변화를 보여 준다.

픽처레스크 양식을 이론적으로 완성한 험프리 렙턴은 『레드 북Red Book』이라는 책에서 자신이 디자인한 정원의 개조 전 모습과 개조 후 모습을 비교해 놓은 스케치를 많이 남겨 놓았다. 그중 한 비교 그림들을 보면 숲에 있는 나무를 제거하고 빈 공간을 더 도입한 디자인이 있다. 서양의 역사가들은 픽처레스크 디자인이 장 자크 루소Jean Jacques Rousseau(1712~1778)의 영향이라고 주장하지만 1758년에 출판된 루소의 『인간 불평등 기원론』을 대표적인 책이라 할 때, 시기적으로 보아 서양에서 정원 디자인의 변화는 이미 그 전에 나타났다. 최초의 픽처레스크 양식 조경가라고 평가받는 스테판 스위쳐Stepen Switzer(1668~1745)를 필두로 해서, 찰스 브리지먼Charles Bridgeman(1682~1738), 윌리엄 켄트Willam

사라 브리지먼Sarah Bridgeman이 인쇄한
'스토우 정원'의 평면(1739)

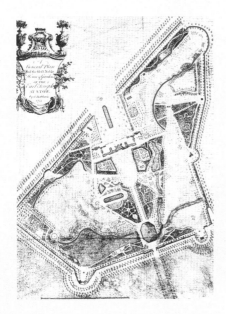

비컴Bickham이 인쇄한 1753년의
'스토우 정원'. 1739년과 비교하면 축이
강조됐던 대로와 증축된 정원의 대부분의
길들이 자유 곡선으로 처리되었고,
건물 앞에 큰 보이드 공간이 만들어졌음을
알 수 있다.

정원 개조 전 모습(위)과 개조 후 모습. 곡선이 도입되고 경계가 모호해졌으며, 빈 공간이 생겼다.

Kent(1684~1748) 등은 모두 루소보다 수십 년 앞서서 활동한 디자이너들이다. 그러니 루소가 유럽의 문화적인 패러다임을 변화시키기 전에 조경 분야에서는 이미 그 변화가 시작되었다고 봐야 한다. 그리고 18세기 조경 디자인의 변화는 이미 15세기 대항해 시대가 열리면서 시작된 동서양 문화의 교류에 의한 문화적 패러다임의 변화에서 시작되었다고 봐야 한다. 그리고 문화 교류의 중심에는 도자기가 있었다.

픽처레스크 스타일은 일인칭 개인적 경험과 인식을 중요시한 디자인 방식이다. 서양에서 전통적으로 디자인되었던 기하학적 형태는 삼인칭 전지적 시점에서 디자인한 것이며, 정원 내 구성 요소들 간의 관계성은 설계자의 관심 밖 일로, 고려 대상이 되지 않았다. 하지만 픽처레스크 정원의 디자이너들은 정원 내 관찰자의 평면적 혹은 수직적인 상대적 위치가 정원 내 구성 요소들 간의 관계성 정립에 큰 변화를 준다는 것을 알았으며, 그 같은 관계성을 디자인에 반영했다. 픽처레스크 정원을 거니는 사람들은 본인이 여러 다른 위치에서 다른 투시도적 이미지를 바라본 경험들을 바탕으로 정원의 전체 이미지를 머릿속에서 구성했다. 서양 정원 디자인에서 상대적 관계성이 중요한 위치를 차지하게 된 것이다. 픽처레스크 정원 디자인은 서양 문화에 있어서 경직된 기하학에서 탈피하여 상대성에 가치를 두는 패러다임으로의 전환점이 된 아주 중요한 사건이라 할 수 있다.

칸트는 1781년 『순수이성비판』이라는 책을 냈다. 이 책은 세상과 자아를 분리하는 이원론적인 서양 철학의 관점에서 세상과 자아를 하나로 보는 일원론적인 시각으로의 관점 전환을 보여 주는 책으로 평가받는다. 다른 말로 세상 위에 분리되어서 내가 존재하는 것을 멀리서 바라보는 전지적 시점이 아니라 나에게 세상이 어떻게 보이는가에 중심을 둔 것이다. 이는 다분히 일인칭 시점을 통해서 세상과 나의 관계를 중요하게 생각하는 시각이다. 이 같은 칸트의 생각은 픽처레스크 양식과 생각의 궤가 같다고 할 수 있다. 당시 유럽의 '생각의 패러다임'은 지난 3백 년 동안 꾸준하게 동양과의 문화적 교류를 통해 새로운 변종의 사상이 서서히 싹튼 것으로 보인다. 이는 동양이 서양보다 낫다고 말하는 것이 아니다. 내가 말하려고 하는 것은 외부의 색다른 문화를 적극적으로 받아들이고 수용하는 문화권이 새로운 변종을 만들어 내게 되고, 그것이 시간이 지나면 시대를 이끄는 매력적인 문화가 된다는 것이다. 20세기 후반 한국 전쟁 이후 우리나라는 미국을 비롯한 서양 문화를 적극적으로 흡수했기에, 21세기 지금 BTS, 웹툰, 한류 드라마 같은 K-컬쳐가 세계에서 주목받는 매력적이고 영향력 있는 문화가 된 것이다. 21세기 한국 대중문화는 새롭게 유입된 문화가 기존의 문화와 융합했을 때 진화된 변종을 낳는다는 것을 보여 주는 좋은 사례다.

일인칭 시점으로의 이동과 관계에 중심을 둔 변화 이외에도 18세기 픽처레스크 정원 디자이너들은 비워 놓은 빈 공간을 적극적인 디자인 전략으로 채택했다. 빈 공간은 더 이상 황금 비율과 기하학에 의해서 정원을 구성한 후 남은 부산물이 아니었다. 18세기 들어 서양 문화에서 빈 공간을 바라보는 인식이 변화되기 시작했으며, 미의 가치를 볼 때 구조물에만 관심을 갖던 기존의 가치에서 탈피하여 빈 공간 자체에도 의미를 두는 쪽으로 변화되었다. 이러한 변화는 백 년이 지난 19세기에 이르러서는 조경 분야를 넘어 미술에서도 나타나기 시작했다.

반 고흐가 일본 우키요에 민화의 색채로부터 영향을 받았다면 서양
화에 빈 공간의 새로운 가치를 도입한 사람은 피에트 몬드리안Piet
Mondrian(1872~1944), 테오 판 두스뷔르흐Theo Van Doesburg(1883~1931), 호
안 미로Joan Miro(1893~1983)였다. 신조형주의라고 불리기도 하는 데 스테
일De Stijil 그룹의 대변인으로 활동했던 두스뷔르흐는 이차원적인 그림
이 어떻게 삼차원 공간적 의미로 변화될 수 있는가를 보여 줬던 인물이
다. 그의 작품「러시안 댄스의 리듬Rhythm of Russian Dance」(1918, 218쪽 참조)
은 여러 개의 가로 세로 직선이 수직과 수평으로 여기저기 흩어진 모습
을 가지고 있는데, 훗날 근대 건축가 미스 반 데어 로에의 '벽돌 시골집
Brick Country House'(1923~1924)에 많은 영감을 준 것으로 보인다. 좀 더 시
간이 지난 후에 유럽 추상 아티스트들의 영향을 받은 미국 조각가 알렉
산더 콜더Alexander Calder(1897~1976)가 조각에 빈 공간을 도입한 새로운
개념의 작품을 선보이게 된다. 콜더 이전 서양의 조각은 빈 공간을 만든
다기보다는 부피와 양감을 가지는 입체 구조물을 만들어 내는 데 주력
했다. 미켈란젤로의「다비드」조각상을 보면 빈 공간은 몸통과 팔다리
사이의 빈 공간 정도밖에 없다. 대신 서양의 조각가들은 대상의 형상을
만드는 데 주력했다. 그들 중 어느 것도 조각품 내에 적극적인 빈 공간
을 가지고 있지 않았다. 하지만「메두사」같은 콜더의 초기 작품을 살펴
보면, 동양 문화의 특징인 빈 공간의 적극적인 도입과 모호한 경계가 나
타난다.「메두사」는 삼차원 공간에 철사로 사람의 두상 형태를 만든 작
품이다. 관람객은 이 작품을 감상할 때 철사뿐 아니라 철사와 철사 사이
의 빈 공간을 인식하고 이해해야 사람의 얼굴과 머리를 연상할 수 있다.

이 작품에서 철사 선이 구획하는 빈 공간은 선을 만드는 매체인 철사만큼 혹은 그 이상으로 중요한 요소다. 이는 마치 동양화에서는 그려진 대상만큼이나 여백이 중요한 것과 비슷한 맥락이다. 동양의 사군자 그림 중 난초를 그린 그림을 보면 80퍼센트가 여백이고, 그림은 검은 선 몇 개만 그려져 있을 뿐이다. 그럼에도 난초의 느낌을 오히려 더 잘 전달한다. 콜더의 「메두사」 작품 속 철사 줄은 난초 잎과도 같은 느낌이다.

콜더는 「모빌」이라는 조각 시리즈로도 유명하다. 콜더는 조각을 할 때 '몬드리안의 그림을 움직이게 하겠다'는 생각을 가지고 작업했다고 한다. 실제로 몬드리안이 검정색 선으로 캔버스에 칸을 나누고 그 안에 빨강, 파랑, 노랑 같은 색을 칠했다면, 콜더는 조각품 「모빌」에서 검정색 철사 선으로 빨강, 파랑, 노랑으로 칠해진 다양한 모양의 금속판을 공중에 매달아 놓고 바람에 의해서 시시각각 움직이게 설치했다. 이러한 움직임은 매달려 있는 물체 간의 간격과 각도가 매 시간 변화하는 양태를 띠게 되는데, 이렇게 변화하는 관계성이 조각품의 구조체 모양보다 더 중요하다는 점이 「모빌」의 가장 큰 특징이다. 콜더의 작품 「모빌」은 서양 미술사에서 4차원의 시간이라는 주제를 3차원의 조각에 도입한 점만으로도 뛰어난 작품으로 평가되어야 한다. 하지만 그러한 '시간성'뿐 아니라 서양 조각에 이전까지는 없었던 '관계성'을 주제로 한 첫 번째 작품이라는 점에 주목해야 한다. 이 작품에서 황금 분할은 애초에 고려되지도 않았고 중요하지도 않다. 마찬가지로 매달려 있는 조각들의 상징적 의미도 중요하지 않다. 대신 「모빌」이라는 조각에서는 여러 개의 요소 간 관계가 가장 중요한 정보가 된다. 그리고 각각 매달려 있는 요소들 간에는 빈 공간이 차지하고 있다. 동양 문화의 특징인

알렉산더 콜더의 「메두사」(1930)

동양화 「난초화」

5장. 도자기는 어떻게 서양의 문화를 바꾸었는가

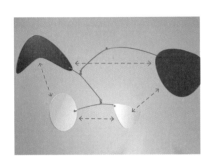

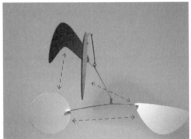

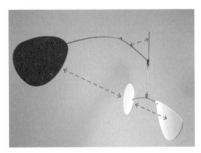

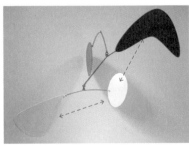

알렉산더 콜더의 「모빌」.
각각의 요소들 간 간격과 시간에 따라
매달려 있는 조각의 위치가 변하면서
새로운 관계와 비율을 만들어 낸다.

알렉산더 콜더의 「모빌」(1958)

피에트 몬드리안의
「빨강, 파랑, 노랑의 구성
Composition with red, blue
and yellow」(1930)

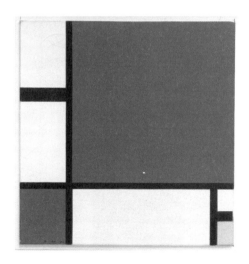

5장. 도자기는 어떻게 서양의 문화를 바꾸었는가

'비움'과 '관계'가 콜더의 작품에서 가장 중요한 요소인 것이다.

콜더가 조각으로 비움과 관계라는 동양의 가치를 보여 주었다면 파울 클레Paul Klee는 회화를 통해 동양 건축에서 보이는 모호한 경계의 공간감을 보여 준다. 그의 작품 「두 개의 길Two Ways」(1932) 속에는 명확한 경계가 없고 모든 경계가 중첩되고 모호하게 처리되어 있다. 이 그림에서 보이는 모호한 경계를 가지는 공간적 성격은 기존에 벽으로 명확한 경계를 가졌던 서양 건축의 공간적 특징과는 사뭇 다르다. 오히려 동양 건축에서 기둥 구조가 만드는 모호한 경계의 공간적 특징과 흡사하다. 우리는 몬드리안의 초기 작품에서도 이와 비슷하게 경계가 모호한 경향을 살펴볼 수 있는데, 몬드리안은 두스뷔르흐와 더불어 데 스테일 운동을 주도한 인물이었다. 가까운 사람의 작품이어서 그런지 두 사람의 작품은 색상과 형태의 스타일도 비슷하고 공통적으로 모호한 경계의 특징을 가지고 있다.

피에트 몬드리안의 「구성」(1916). 주황, 분홍, 보라, 회색의 경계가 모호하게 채색되어 있다.

파울 클레의「두 개의 길」

일본 왕실의 별궁
'가쓰라리큐'

5장. 도자기는 어떻게 서양의 문화를 바꾸었는가

프랭크 로이드 라이트와 동양

프랭크 로이드 라이트Frank Lloyd Wright(1867~1959)는 건축가로서 일본 건축과 그림으로부터 영향을 받은 대표적인 인물이다. 라이트는 미국 내 일본 그림을 유통시키는 가장 큰 화상畫商이었을 정도로 일본 그림을 아끼고 사랑했다. 그의 투시도를 보면 두 가지 특징이 보인다. 첫 번째 특징은 그림에서 여백의 미를 잘 살린 점이고, 두 번째 특징은 그림의 액자 프레임 선이 자연스럽게 건축물의 그림으로 연결되어 주체와 배경의 경계가 모호해진다는 점이다. 그의 대표작 '낙수장' 투시도를 보면 그림 상부 절반은 서양화 같고 하부 절반은 여백이 많은 동양화같이 보인다. 그림의 상부는 직사각형의 명확한 프레임이 있고 그 안은 꽉 차게 채색되어 있다. 반면 그림의 하부는 프레임도 없고 여백도 많다. 이런 그림처럼 그의 건축에도 동양적인 공간적 특징이 나타난다. 그의 주택을 보면 일반적인 서양 건축물과 달리 처마가 길게 나오고 지붕이 많이 강조된 디자인이다. 그의 작품은 미국의 넓은 대지에서 지어졌기 때문에 고층 건물보다는 수평성이 강조된 단층짜리 집이 많다. 단층으로 지어지다 보니 처마가 긴 지붕이 입면의 절반을 차지하게 되고, 그렇다 보니 더욱 더 동양의 주택 같은 느낌이 든다. 실제로 그는 여러 면에서 동양적인 느낌이 나는 공간 디자인을 하려고 했다. 온수 파이프를 바닥에 깔아서 난방 하는 한국식 온돌 시스템은 라이트가 처음으로 만든 것이다. 이 아이디어는 그가 호텔 프로젝트를 위해서 일본을 방문했을 때 난방이 안 되는 다다미방에서 너무 춥게 잔 고생을 한 후 당시 서양에서 사용하던 라디에이터 난방 시스템을 방바닥에 까는 것을 고안하여 생겨난 것이다. 라이트는 동양, 특히 일본에 관심이 많았고 동양적인 것을 건축에 적용해 보려고 노력했다. 하지만 그의 건축 공간의 성격을 보면 실질적으로는 동양 건축의 특징인 모호한 경계의 공간이 보이지 않는다. 그 이유는 라이트의 공간 구축 방식이 벽으로 만드는 데서 벗어나지 못했기 때문이다. 일단 벽이 주요 구조체로 사용되면 벽으로 구획된 공간의 특징인 경직되고 명확한 경계가 만들어진다. 따라서 라이트의 공간은 아직 전통적 서양 공간에 더 가깝다. 하지만 라이트보다 조금 더 젊었던 독일 건축가 미스 반 데어 로에와 스위스 건축가 르 코르뷔지에는 전통적인 벽 중심의 공간 구축 방식을 과감히 탈피했다. 주요 구조체로 미스는 철골 기둥을 사용했고, 코르뷔지에는 콘크리트 기둥을 사용했다. 이로써 그들의 건축 공간은 동양 건축 공간의 특징인 내외부의 경계가 모호하고 내부에서 외부로 공간이 흐르는 듯한 성격을 띠게 되었다. 다음 장에서는 이 두 근대 건축 거장들의 공간에 동양 스타일로의 변화가 어떻게 이루어져 갔는지 시기별로 자세히 살펴볼 것이다. 이 두 거장의 생각을 엿보는 것은 매우 중요하다. 이 두 거장을 새롭게 읽으면 근대 건축 전체를 색다르게 규정할 수 있기 때문이다.

프랭크 로이드 라이트의 '낙수장(좌)'과
라이트가 그린 '낙수장' 투시도

5장. 도자기는 어떻게 서양의 문화를 바꾸었는가

6장.   동양의 공간을 닮아 가는 서양의 공간

르 코르뷔지에 '카펜터 센터'
(1961)

미스 반 데어 로에 '판스워스 하우스'
(1946)

BC 300   15C   1900   1950   1960   1970   1980   1990   2000

2019년 사이언스지는 표지에 쌍둥이처럼 비슷하게 생긴 두 마리의 나비 사진을 올렸다. 이 두 나비는 다른 종임에도 불구하고 똑같은 색깔과 패턴을 가지고 있다. 이러한 현상을 '뮐러 의태Müllerian mimicry'라고 한다. 의태는 곤충이나 새, 양서류 등이 서로의 생김새나 동작을 따라 하는 것을 말한다. 포식자에게 유독하거나 맛없는 종들이 서로의 특징을 모방해 포식자로부터 스스로를 보호하려는 의도다. 미국 하버드대, 영국 얼햄연구소, 푸에리토리코 푸에리토리코대 생물학과 등으로 구성된 공동 연구팀은 서로 다른 두 종의 나비가 같은 무늬를 갖게 된 이유를 찾았는데, 이유는 유전자가 섞여서였다. 같은 '속'에 속한 서로 다른 두 '종'의 나비가 종간의 교잡을 이루어 비슷한 생김새를 띠게 하는 유전자가 퍼졌다는 것이다. 그렇게 함으로써 생존에 유리한 유전자를 공유하여 포식자가 좋아하지 않는 공통적인 무늬를 갖게 돼 포식자를 피할 수 있었다. 여기서 흥미를 끄는 점은 '같은 속'에 있는 '다른 종'끼리 이종 교배를 통해서 유전자를 공유하고 비슷한 형태를 띠게 되었다는 점이다.

　이 유전적 원리는 서양의 근대 건축이 동양 전통 건축과 비슷한 공간적 특징을 갖는 것에 대해 잘 설명해 준다. 건축은 동서양을 떠나서 건축이라는 '같은 속'에 속한다. 그러면서도 동양과 서양의 건축은 완전히 다른 형태를 가지고 있는 '다른 종'이기도 하다. 나는 건축이라는 같은 속에 속한 다른 종의 동서양 건축이 동서양 간의 무역을 통해서 문화 유전자를 교환하고 새로운 종을 만들어 낸 것이 근대 건축이라고 생각한다. 물론 여기에 산업혁명을 통한 재료 기술의 혁신도 한 축을 이룬다. 결론적으로 서양의 근대 건축은 기술 혁신과 동양 건축 유전자의 조합으로 만들어진 2세대 결과물이다. 그리고 그 시작을 연 사람이 미스 반 데어 로에와 르 코르뷔지에라는 건축가다.

건축은 언제나 주변 환경에서 살아남기 위해 진화한다. 그러면서 만들어진 '문화 유전자'는 교통수단이 발달하면서 주변으로 퍼져 나가고 그 지역 고유의 문화 유전자와 섞이게 된다. 15세기에 삼각돛을 단 범선의 등장으로 공간이 더 압축되면서 유라시아 대륙의 양 극단에 위치했던 서양과 동양의 문화가 유전적으로 섞이기 시작했다. 16세기 중국

과학 잡지 『사이언스』 2019년 11월 표지

산 도자기가 유럽에 대량으로 수입되었고, 17세기에는 동양 철학 책들이 유럽에서 번역되어 출판되었고, 18세기에는 조경 디자인이 바뀌었고, 19세기에는 이 변화가 미술로 전파되었고, 20세기에 들어서는 건축에서 문화적 이종 교배의 증거가 나타나기 시작했다. 인간 사고의 패러다임이 바뀌는 순서를 한태동 교수(연세대학교)의 논지로 풀면, 가장 먼저 미술에서 변화가 생겨나고, 음악, 철학, 건축의 순서로 일어난다. 건축이 가장 느리게 변화하는 이유는 위의 여러 가지 문화적 결과물 중에서 건축이 돈이 가장 많이 드는 작업이기 때문이다. 그래서 조경에서 시작해서 미술까지 적용된 이후에나 건축은 변화하기 시작했다. 건축이 바뀌기까지는 수백 년의 시간이 필요했다.

18세기 2차 산업혁명의 발달은 인간이 화석 에너지를 이용할 수 있게 해 주었다. 석탄은 태양 에너지가 키운 식물이 죽어서 수억 년 동안 땅속에 묻혀서 높은 압력과 그로 인한 온도 상승의 과정을 거쳐서 만들어진 에너지원이다. 따라서 석탄을 사용한다는 것은 태양 에너지를 식물이라는 매개체를 통해서 오랜 시간 숙성시켜서 이용하는 것이라고 말할 수 있다. 석유는 태양 에너지가 키운 식물을 먹고 자라난 동물이 역시 죽어서 오랫동안 땅속에 묻혀 있다가 만들어진 에너지원이다. 석탄, 석유 같은 화석에너지는 모두 태양 에너지를 오랜 시간 저축했다가 시간을 통해 숙성시켜서 쓰는 격이다. 과거 인간이 농업혁명을 통해서 농산품의 대량 생산에 성공했다면, 화석에너지를 사용하면서는 공산품의 대량 생산이 가능해졌다. 이 같은 산업혁명을 거치면서 건축에서는 두 가지 혁명적 변화가 일어났다.

첫째는 재료적인 혁명인 강철의 도입이다. 강철을 그대로 사용해서 철골 구조를 만들었고, 강철을 철근 형태로 만들어서 콘크리트와 섞은 철근콘크리트를 만들었다.

둘째는 기계적인 혁명인 엘리베이터의 보급이다. 엘리베이터 덕분에 높은 층에 쉽게 올라갈 수 있게 되었다. 과거에 높은 층의 공간은 두 가지로 사용되었다. 첫째, 최고 권력자인 제사장은 신전 높은 곳에 제단祭壇을 놓고 올라가서 사람들이 자신을 올려다보게 하여 권력을 강화하는 공간으로 사용했다. 둘째, 사회 내 가장 낮은 권력 계층의 하녀들이 걸어 올라가서 사는 다락방으로 사용했다. 같은 높이인데도 완전 반대로 사용되는 이유는 사용 빈도수에 있다. 제사장은 중요한 행사가 있을 때 일 년에 몇 번만 올라가면 됐지만, 하녀들은 다락방을 하루에도 몇 번씩 걸어서 오르락내리락 해야 했다. 제사장이 1년에 몇 번 신전 꼭대기까지 걸어 올라가는 게 힘든 것은 문제가 안 됐다. 오히려 걸어 올라가기 힘든 것은 권력의 차등을 느끼게 해 주는 데 도움이 되었다. 또 다른 차이점은 다락방은 올라가도 다락방 안에 있는 사람이 보이지 않지만, 신전 높은 곳의 제단에 올라간 사람은 땅에 있는 사람이 올려다볼 수 있다는 점이 다르다. 많은 사람에게 좋은 모습만 편집해서 보여 줄 수 있는 사람은 권력을 가진다. 유라이크 필터로 찍고 포토샵 처리한 예쁜 사진만 인스타에 올리는 인스타 셀럽들이 권력을 가지게 되는 것과 같은 원리다. 1년에 몇 번 행사에서 멋진 제사장 옷을 입고 신전 꼭대기에 서서 대중에게 꾸며진 모습만 보여 줄 수 있었던 제사장은 권력을 갖게 되었다. 이렇듯 높은 공간은 경우에 따라서 사회 권력의 최상층과 최하층이 사용했었다. 그런데 엘리베이터의 등장으로 아무리 높은 곳도 화석 에너지를 사용하여 쉽게 올라갈 수 있게 되었고, 매일 올라 가야 하는 주거 공간에서도 높은 곳은 권력을 가진 자의 차지가 되었다. 이제 건축물로 지을 수만 있으면 얼마든지 높게 지어서 사람이 공중의 공간을 이용하게 되었다. 이제 얼마나 효율적으로 높게 건물을 지을 것이냐는 문제만 남았다. 그리고 강철과 콘크리트 재료는 이전에는 지을 수 없었던 높은 층의 건물을 가능하게 해 주었다. 수천 년간 서양은 돌이나 벽돌을, 동양은 목조를 주재료로 사용하였고, 상하 이동은 두 문화 모두 '계단'만 사용하였다. 그러다가 20세기 들어서 나타난 강철, 콘크리트, 엘리베이터는 인류의 수천 년 건물 역사에 처음으로 나타나는 재료와 기술에 있어서 혁명 같은 변화였다.

강철과 콘크리트라는 재료와 엘리베이터라는 기계, 이 두 가지 기술 혁명이 전 세계의 건축을 바꾸었다. 이 두 기술의 힘은 너무나도 강해서 20세기부터 인류의 건축 문화는 이 두 엔진이 이끄는 대로 갔다. 결과는 지금은 어느 나라 어느 도시를 가나 콘크리트로 높게 지어진 '국제주의 양식'만 남아 있는 세상이 되었다. 두바이와 뉴욕은 기후는 달라도 고층 건물이 만드는 도시 풍경은 대동소이하다. 산업혁명과 대량 생산은 20세기에 들어서 건축에 모더니즘이라는 문화적 흐름을 만들었다. 하지만 모더니즘이 단지 기술적 혁명에 의한 결과물일 뿐일까? 나는 그러한 기존 관점에서 방향을 조금 달리하여 건축에서의 모더니즘을 '동양 문화가 서양에 유입되면서 생겨난 문화 변종'이라는 측면으로 바라보려 한다. 15세기에 삼각돛의 범선이 공간을 압축시켰다면, 20세기 들어서 발명된 증기선, 기차, 자동차, 비행기는 획기적으로 공간을 압축했다. 이로써 문화 유전자의 이종 교배가 가속화되었다.

미스 반 데어 로에와 동양

건축을 전공하지 않은 독자는 미스 반 데어 로에라는 이름이 생소하겠
지만, 그 이름을 알아두면 좋을 듯하다. 그는 음악으로 치자면 베토벤
이나 모차르트 같은 인물이다. 앞에서 나온 프랭크 로이드 라이트와 뒤
에 나올 르 코르뷔지에와 더불어 근대 건축의 4대 거장 중 한명이다. 나
머지 한 명은 알바 알토Alvar Aalto라는 핀란드 건축가인데, 사실 후세 건
축의 영향력을 생각하면 그는 나머지 세 명에 비해서 비중이 좀 떨어진
다는 생각이 든다. 4인조 비틀즈에서 드럼을 치는 '링고 스타' 같다고
할까. 어쨌거나 미스는 근대 건축의 초석을 깐 건축가인데, 그는 잘 알
려진 중국 책 수집가였다. 그의 서재에는 공자와 노자의 책이 비치되어
있었다고 한다. 그는 동양 건축에 대한 이해가 깊었던 프랭크 로이드
라이트나 휴고 헤링Hugo Häring과의 친분으로 동양 건축에 많이 노출됐
을 것이다. 그리고 결정적으로, 바우하우스에 강연을 위해 방문했던 동
양 철학 전문가인 카를프리드 그라프 뒤르크하임Karlfried Graf Dürckheim
과의 만남을 통해서 동양 건축에 대한 이해를 심화시켰을 것으로 보인
다. 미스가 직접적으로 본인의 건축이 동양 건축의 영향을 받았다고 천
명하지는 않았지만, 1937년 중국 건축가 천쿤 리Chen-Kuen Lee가 미스
를 방문했을 때, 미스는 본인의 건축이 중국의 영향을 받았다고 시인한
적이 있다. 그렇다면 과연 미스 건축의 어떤 부분이 동양 문화 유전자의
영향을 받은 것일까?

1912년에 디자인한 미스의 초기 작품인 '크뢸러 뮐러 하우스Kröller-
Müller House'(1912)를 보면 정면에 기둥들이 도열하고 있는 파르테논 신

전 같은 느낌을 준다. 이때까지만 하더라도 미스는 바로 앞 세대의 독일 신고전주의 건축가인 카를 프리드리히 싱켈Karl Friedrich Schinkel의 영향을 받고 있었다. 미스가 설계한 '크뢸러 뮐러 하우스'와 싱켈이 설계한 '베를린 구 박물관'을 비교해 보면 많은 유사성을 찾을 수 있다. 하지만 1910년대에 있었던 두 개의 전시회가 미스를 바꾸어 놓았다. 베를린에서 열렸던 프랭크 로이드 라이트의 전시와 브루노 타우트Bruno Taut의 '글라스 파빌리온Glass Pavilion'이 전시되었던 독일 쾰른 박람회다. 미스는 라이트로부터 철을 사용하는 방법을, 타우트로부터는 유리를 사용하는 방법을 배우게 된다. 라이트와 타우트는 근대 건축 초기에 일본 건축으로부터 영향을 받은 대표적인 건축가다. 따라서 이 두 명의 건축가를 통해서 미스가 동양 건축의 특성을 간접적으로 흡수하게 된 것은 당연한 것이라 할 수 있다. 라이트는 일련의 벽들을 겹겹이 만들어 내부 공간과 외부 공간의 교합을 유도했다. 하지만 그의 건축은 아직까지도 벽에 근거를 둔 건축이었기 때문에 내외부 경계 없이 흐르는 듯한 유동적 공간을 연출하지는 못했다. 미스는 1923년에 '벽돌 시골집Brick Country House'(1923~1924)을 설계하면서 새로운 것을 시도했지만, 이 역시 벽 중심의 건축이었기 때문에 라이트가 가지고 있던 한계를 뛰어넘지 못했다. 하지만 6년 뒤인 1929년 '바르셀로나 파빌리온'에서는 구조적인 벽을 완전히 버리고 철골 기둥 구조를 이용하면서 내외부 경계가 모호한 유동적 공간을 완벽하게 만들어 냈다.

미스 반 데어 로에의 '크뢸러 뮐러 하우스'

카를 프리드리히 싱켈의 '구 박물관Altes Museum'(베를린, 1828)

브루노 타우트의 '글라스 파빌리온' 외부와 내부. 1914년 쾰른 박람회 전시 후
건물을 철거했다. 미스는 이 파빌리온에서 유리의 사용법을 배웠다.

6장. 동양의 공간을 닮아 가는 서양의 공간

미스의 '벽돌 시골집'은 기하학적 추상 미술 그룹 데 스테일의 테오 판 두스뷔르흐의 영향을 받은 것으로 보인다. 두스뷔르흐의 1918년 작作 「러시안 댄스의 리듬」을 보면 여러 개의 직선이 거리를 두고 떨어져 있다. 이들 선과 선 사이에는 각기 다른 모양이면서도 경계를 규정하기 어려운 유동적 형태의 빈 공간이 있다. 이 그림과 미스의 '벽돌 시골집' 평면을 비교해 보면 둘 사이의 유사성을 쉽게 찾을 수 있다. '벽돌 시골집'의 평면도에는 전통적인 서양 건축물에서 보이는 한 가지 방향성을 갖는 강력한 축이나 좌우 대칭성이 없다. '벽돌 시골집'에서 미스는 벽을 세워 나감으로써 건축의 영역을 확장해 나가고 있다. 마치 바둑의 패턴처럼 개방되어 있으며 자라나는 형식의 평면이다. 벽은 자유분방하게 동서남북으로 뻗어 나간다. 그렇게 만들어진 벽들은 공간을 구획하면서 독특한 비정형의 빈 공간을 만들어 낸다.

하지만 「러시안 댄스의 리듬」과 '벽돌 시골집'은 실제 공간적으로는 큰 차이점이 있다. '벽돌 시골집'에서 미스는 단순히 두스뷔르흐의 그림에서 보이는 라인을 건축적인 벽으로 변환시키기만 했다. 그런데 문제는 회화와 달리 건축물에는 지붕이 있다는 점이다. 건축에서 평면도는 일반적으로 바닥에서 1.5미터 정도 높이에서 칼로 잘라서 그 윗부분 벽과 지붕을 들어내고 그린 그림이라고 보면 된다. 그렇게 그린 '벽돌 시골집'의 평면도는 그림 상으로는 「러시안 댄스의 리듬」과 별반 달라 보이지 않는다. 그런데 문제는 건축을 완성하고 지붕을 덮는 순간 벽들 사이의 공간이 그림처럼 서로 관통하지 않는다는 것이다. 지붕이 덮인 부분은 내부 공간이 되고, 덮지 않은 부분은 외부 공간이 되면서 내부와 외부가 명확하게 구분된다. 그렇기 때문에 '벽돌 시골집'의 평면도만 보면 두스뷔르흐의 그림처럼 자유로워 보이나, 막상 외관 투시도를 보면 몇 개의 상자가 중첩된 것일 뿐 특별한 공간적 새로움은 보이지 않는다. 당시까지는 미스가 서양 전통식 벽 구조를 사용했기 때문이다.

미스 반 데어 로에의 '벽돌 시골집' 스케치

6장. 동양의 공간을 닮아 가는 서양의 공간

테오 판 두스뷔르흐의
「러시안 댄스의 리듬」(1918)

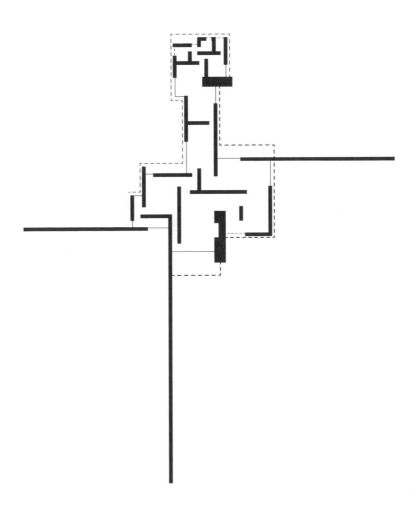

'벽돌 시골집' 평면도(1924)

6장. 동양의 공간을 닮아 가는 서양의 공간

바르셀로나 파빌리온, 1929년: 기둥으로 만든 처마

'벽돌 시골집'을 디자인하고 5년 후, 미스는 '바르셀로나 파빌리온Barcelona Pavilion'(1929)부터 비로소 동양 건축의 주요 시스템인 기둥 구조를 도입하게 된다. 이로써 '바르셀로나 파빌리온'에서는 동양 건축과 같은 경계 없는 공간이 연출된다. 격자형에 기초를 둔 기둥 구조 덕분에 벽체는 구조로부터 자유로워졌고, 결과적으로 경직된 좌우 대칭 혹은 기하학적인 형태에서 탈피할 수 있었다. '바르셀로나 파빌리온'에서는 어디까지가 내부고 어디서부터가 외부인지 명확하게 구분하기 힘들 만큼 내부와 외부의 경계가 모호한 유동적 공간감을 가지고 있다. 이 같은 현상이 나타나는 것은 평면보다 더 확장된 지붕에 의해서 만들어진 '처마 공간' 때문이기도 하다. '벽돌 시골집'의 경우, 지붕은 벽이 있는 곳에서 멈춘다. 하지만 '바르셀로나 파빌리온'의 지붕은 기둥보다 더 멀리 뻗어 나가서 처마가 생겨났고, 만들어진 처마 공간은 내부와 외부의 중간 지대적인 성격인 '사이 공간'을 만들어 내고 이 공간은 경계를 모호하게 만든다. 우리나라 한옥에서도 처마 밑에 있는 툇마루 덕분에 건축물의 경계가 모호해지는 것과 같은 현상이다. 한옥에서는 툇마루가 실내인지, 외부인지 불명확하다. 툇마루는 지붕과 바닥은 있지만 벽이 없는 공간이다. 건축의 내부 공간을 규정하는 지붕, 벽, 바닥이라는 세 가지 요소 중에서 두 가지만 있기 때문이다. 우리의 일상에서 이러한 공간을 찾는다면 1층 카페 바깥에 의자를 놓는 데크deck 공간이 될 것이다. 정확한 용어는 '테라스'지만, 우리나라에서는 통상적으로 '데크'라고 부른다. 우리가 카페의 데크에 앉아 있을 때 기분이 좋은 이유는 외부에 있으면서도 내부에 있

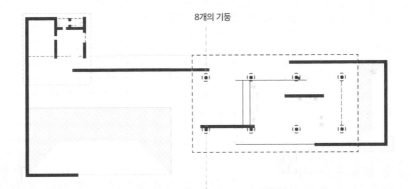

8개의 기둥

미스 반 데어 로에의 '바르셀로나 파빌리온' 평면도

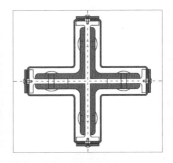

8개의 철골 기둥을 도입하였다. 겉면을 거울 같은 크롬 도장으로 한 것으로 미루어 보아, 아직까지도 벽 대신 기둥을 구조로 사용하는 게 어색했고 지우고 싶어 했던 것 같다

는 것 같은 안정감을 느끼기 때문이다. 실제로 미스는 '바르셀로나 파빌리온'에서 여기저기 지붕이 덮여 있는 데크 공간을 만들어 놓았다. 이 같은 처마 공간은 그의 대표적 후기 작품인 '베를린 국립미술관Berlin's New National Gallery'(1962~1968년)에 잘 나타나 있다. 흔히들 서양의 건축은 '벽의 건축', 동양의 건축은 '지붕의 건축'이라고들 말하는데, 이 국립미술관은 말 그대로 지붕이 주인공이 된 건축물이다. 지붕을 만들고 떠받드는 것이 주요 건축적 행위고, 벽은 유리창으로 되어 있거나 그저 가변적으로 설치되는 벽으로 미술품을 거는 장치에 불과하기 때문이다. 미스는 이 작품에서 건축물을 처마와 기둥이라는 건축 요소를 이용해 일종의 외부 경관을 프레임 하는 장치로 만드는 데 주력했는데, 이 같은 건축 장치는 동양 건축의 전형적인 특징이기도 하다. 공간적으로 '베를린 국립미술관'은 우리나라 '경복궁'의 '경회루'와 비슷하다고 볼 수 있다.

'바르셀로나 파빌리온'의 후면부 수水 공간을 살펴보면, 구조적인 역할을 하지 않는 낮은 담장에 의해서 정원을 구획하고, 담장 너머로 하늘과 자연이 보이는 구성을 하고 있는데, 이것은 동양식 정원과 똑같다고 해도 과언이 아니다. 이러한 디자인이 가능했던 이유는 '바르셀로나 파빌리온'이 기둥 구조를 사용해서 벽이 구조로부터 자유로워졌기 때문이며, 이는 격자형 기둥 구조에 근거를 둔 동양 건축과 같은 맥락이다. 미스는 '바르셀로나 파빌리온'에서 기둥 구조가 만들어 내는 동양식 공간의 원리를 완전히 파악했다. 하지만 '바르셀로나 파빌리온'은 주택이라기보다는 전시관이다. 그래서 내외부가 유기적으로 순환하는 동양적 공간을 만들기가 상대적으로 쉬웠다. 그는 아직까지도 주택에 적용된 기둥 구조는 완전하게 완성하지 못했다.

미스 반 데어 로에의 '베를린 국립미술관'. 지붕이 본 건물 외부로 나와 있어 처마 같은 기능을 한다.

바르셀로나 파빌리온

6장. 동양의 공간을 닮아 가는 서양의 공간

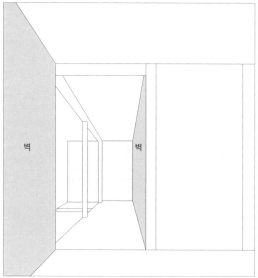

교토에 있는 사찰 '다이토쿠지大德寺'

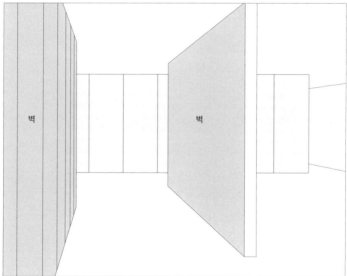

벽

벽

바르셀로나 파빌리온

6장. 동양의 공간을 닮아 가는 서양의 공간

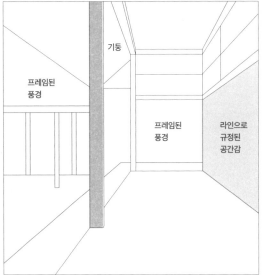

프레임된
풍경

기둥

프레임된
풍경

라인으로
규정된
공간감

일본 사찰

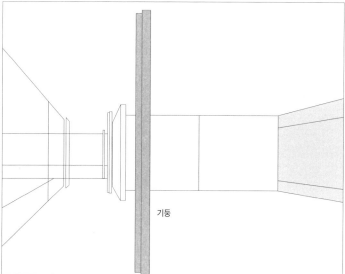

기둥

바르셀로나 파빌리온

6장. 동양의 공간을 닮아 가는 서양의 공간

담장 너머
나무

담장

바다를 뜻하는
모래밭

료안지

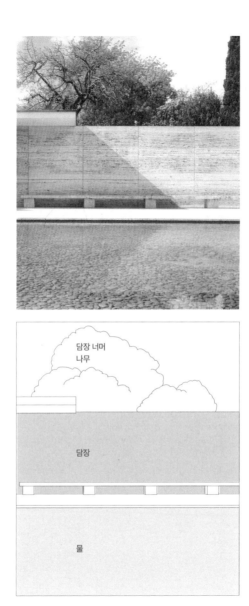

담장 너머
나무

담장

물

바르셀로나 파빌리온

6장. 동양의 공간을 닮아 가는 서양의 공간

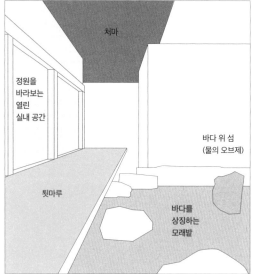

처마

정원을
바라보는
열린
실내 공간

바다 위 섬
(물의 오브제)

툇마루

바다를
상징하는
모래밭

다이토쿠지

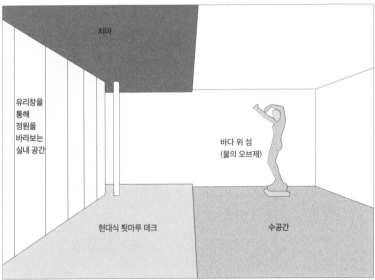

치마

유리창을
통해
정원을
바라보는
실내 공간

바다 위 섬
(물의 오브제)

현대식 툇마루 데크

수공간

바르셀로나 파빌리온

6장. 동양의 공간을 닮아 가는 서양의 공간

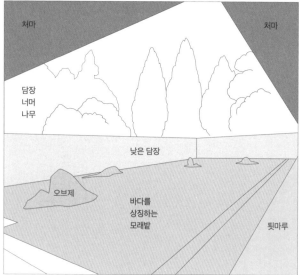

처마   처마

담장
너머
나무

낮은 담장

오브제

바다를
상징하는
모래밭

툇마루

료안지

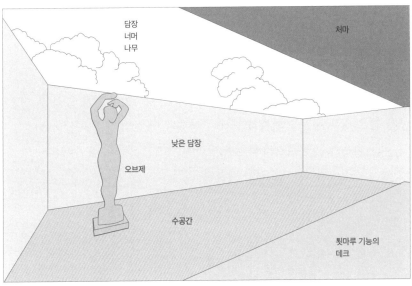

담장
너머
나무

처마

낮은 담장

오브제

수공간

툇마루 기능의
데크

바르셀로나 파빌리온

6장. 동양의 공간을 닮아 가는 서양의 공간

미스 반 데어 로에 제3기.
허블 하우스, 1935년: 짬짜면 같은 주택

제1기인 '벽돌 시골집'은 벽 구조에 기반을 둔 전통 서양식 공간감이었고, '바르셀로나 파빌리온'은 기둥 구조를 기반으로 한 동양식 공간감을 보여 줬다면, 6년이 지난 후인 제3기의 '허블 하우스Hubble House'(1935)에서는 동양적 공간과 서양적 공간이 절반씩 적용된 모습을 보여 준다. 이 주택의 평면도를 보면 좌우측 방들은 벽 구조에 의해서 구획된 공간을 만들고 있고, 중간 부분은 기둥 구조에 의해서 구축되어 있다. 화장실, 부엌 등과 같은 서비스 공간들은 구조 벽에 의해서 구획된 반면, 거실이나 식당 공간 같은 공적인 개방 공간들은 기둥 구조에 의해서 열린 평면 계획을 살펴볼 수 있다. 평면상 좌측 하단부에 위치한 거실 앞쪽에는 동양 건축에서처럼 구조와 상관없는 낮은 담장을 이용해 정원을 구획하고 있다. 그리고 거실과 정원 사이에는 툇마루 같은 작은 데크를 만들어서 전이 공간을 연출해 주고 있다. 거실의 지붕은 철골 기둥이 떠받치고 있고, 벽은 모두 유리로 만들어 외부 공간 같은 내부 공간을 연출하는 데 주력했다. 공간의 성격을 살펴보면 '허블 하우스'는 동서양의 특성을 반반씩 가지고 있다고 볼 수 있다. 즉, 동서양 건축의 '짬짜면' 같은 디자인이다.

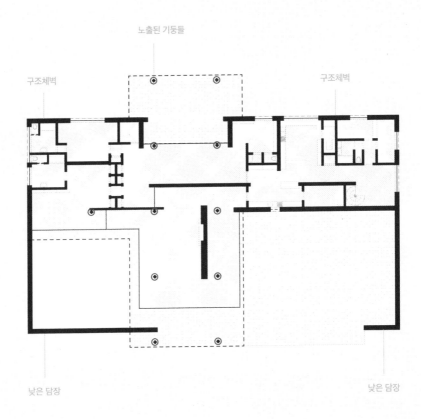

노출된 기둥들

구조체벽

구조체벽

낮은 담장

낮은 담장

미스 반 데어 로에의 '허블 하우스' 평면도

미스 반 데어 로에 제4기.
판스워스 하우스, 1946년: 철과 유리로 만든 한옥

3기인 '허블 하우스'에서 동서양의 특징을 적절히 배합한 성격의 공간을 만들었다면 11년이 지난 후, 4기에 접어들어서는 기둥 구조만으로 완전한 동양식 공간의 주택을 구현하게 되는데 그것이 '판스워스 하우스Fansworth House'(1946~1950)다. '판스워스 하우스'는 가끔씩 강이 범람하면 침수되는 지역에 지어져 있어서, 침수를 피하기 위해 집을 땅에서 조금 띄워서 지어야만 했다. 이를 위해서 미스는 기둥 구조를 사용하여 집을 반 층 정도 올려서 지었는데, 집의 거실이 있는 층에 올라가기 전 중간 정도 높이에 데크를 설치했다. 그 데크를 밟고 올라가면 지붕이 덮인 두 번째 데크 공간이 나온다. 그 공간을 거쳐서 집으로 들어가게 되어 있다. 공간의 구성은 우리나라 한옥과 비슷하다. 한옥에서 방에 들어가려면 땅에서 계단을 밟고 기단에 올라가고, 거기서 디딤돌을 딛고 대청마루에 올라가야 한다. 지붕이 덮고 있지만 앞뒤로는 뚫린 대청마루를 거쳐서 안방으로 들어간다. 미스의 '판스워스 하우스'에서 보이는 첫 번째 데크는 기단부, 두 번째 데크는 대청마루라 할 수 있다. 그러고 나서 들어간 집은 기둥 구조로, 벽이 없고 모두 유리로 된 구조를 가지고 있다. 서양인들에게 이 건물은 정말 쇼킹한 건물이었다. 그래서 이 디자인을 본 건축주는 벽도 없이 유리로 다 열려 있는 집에서 어떻게 사느냐며 건축가를 소송하는 바람에 몇 년간 공사가 지연되는 소동이 있었다. 그도 그럴 것이 서양인들은 메소포타미아로부터 벽식 구조의 주택 건축 양식을 물려받은 이후 수천 년 동안 줄곧 벽으로 둘러싸인 집에서 살아왔다. 그런데 갑자기 기둥식 구조에 유리창으로 사

방이 열려 있는 집을 보니 얼마나 놀랐을지 상상이 간다. 미스는 동양식 기둥 건축의 화끈한 도입으로 건축주에게는 안 좋은 평을 받았지만 역사적으로는 칭송받는 기념비적 작품을 남길 수 있었다.

미스 반 데어 로에의
'판스워스 하우스' 투시도(위)와 평면도

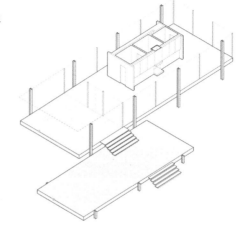

'대청마루'와 유사

기단'과 유사

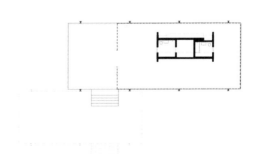

6장. 동양의 공간을 닮아 가는 서양의 공간

'판스워스 하우스(위)'와 한옥

미스는 서양 건축에 철골이라는 새로운 재료로 만든 기둥식 구조를 적극 도입함으로써 기존에는 찾아보기 힘든 성격의 공간을 만들 수 있었다. 그의 건축은 기둥과 지붕으로 만들어진 건축물이며, 벽을 구조로부터 해방시킨 건물이었다. 이는 기본적으로 동양의 나무 기둥을 철골 기둥으로 바꾼 것에 불과하다. 하지만 그의 건축이 동양의 전통 건축과 확실하게 다른 한 가지가 있다. 바로 창문에 유리를 사용했다는 점이다. 기존의 동양 건축에는 창호지로 만든 창문이 달려 있었다면, 미스는 철골 기둥 구조로 벽이 필요 없어지자 벽이 있던 자리에 유리를 사용하여 내부와 외부를 극적으로 연결시켜 주었다. 그의 건축은 한마디로 '나무 기둥을 철골 기둥으로, 창호지를 유리창으로' 바꾼 건축 공간이었다. 기본 구성은 수천 년 동안 내려온 동양의 구법을 따르면서 20세기에 새롭게 등장한 철과 유리라는 재료를 적극 도입하여 새로운 문화적 변종을 만든 사람이 미스 반 데어 로에다. 그렇다면 르 코르뷔지에는 어떻게 근대 건축의 거장이 되었는지 살펴보자.

인터넷에서 르 코르뷔지에를 검색하면 연관 검색어로 '근대 건축의 5원칙'이 나온다. 근대 건축의 5원칙은 근대 건축이라면 가질 법한 다섯 가지 특징을 코르뷔지에가 정리해 놓은 것이다. 여기서 간단히 소개한다면, 1. 필로티, 2. 옥상 정원, 3. 자유로운 평면, 4. 자유로운 입면, 5. 리본 수평창이다. 하나씩 설명해 보자. 우리나라의 요즘 빌라 건물을 보면 기둥에 의해서 건물이 위로 들려 있고, 그 아랫부분을 주차장으로 쓰는 경우가 많은데, 그런 공간이 필로티다. 근대 건축에는 그러한 필로티 공간이 있다는 게 첫 번째 원칙이다. 두 번째 원칙인 옥상 정원은, 기존의 전통 건축에는 방수를 위해서 경사진 지붕을 만들어야 했는데 근대 건축에서는 철근콘크리트라는 재료를 사용하면 튼튼한 구조체이면서 동시에 방수가 되어서 경사 지붕 대신 평평한 지붕을 만들 수 있고, 그렇게 만들어진 평평한 옥상을 정원처럼 사용할 수 있다는 원리다. 하지만 실제로는 지금과 같은 방수 재료가 제대로 개발되지 못해서 처음으로 옥상 정원을 적용한 '빌라 사보아'의 경우 비가 새는 바람에 건축주에게 소송 걸리는 사태가 발생하기도 했다. 하지만 이론적으로는 철근콘크리트 구조는 옥상 정원을 가능하게 해 준다. 세 번째 원칙인 자유로운 평면은 철근콘크리트 기둥으로 건물을 만들었기 때문에 구조를 지탱하기 위해서 벽을 만들 필요가 없어졌다. 그러다 보니 평면도의 벽들은 자유롭게 각층마다 다른 곡선으로 만들 수 있는 자유가 생겨났다는 얘기다. 네 번째 원칙인 자유로운 입면이란, 마찬가지로 철근콘크리트 기둥 구조로 만들어지면서 벽이 더 이상 필요가 없다 보니 건물의 입면 벽체를 마음대로 뚫거나 휘게 디자인할 수 있다는 이야기다. 다섯 번째 원칙인 리본 수평창은 창문을 가로로 길게 만들 수 있다는 것이다. 이것은 서양인들에게는 충격적인 일이었을 거다. 서양 건축에서는 수천 년간 벽식 구조로 건물을 지어 오면서 창문은 항상 세로로 길게 만들었다. 벽이 지붕을 받치는 구조체이기 때문에 벽에 창문을 가로로 길게 뚫으면 무너지기 때문이다. 그러나 철근 콘크리트 기둥으로 건물을 받치게 되면서 벽체가 구조로부터 자유로워졌고 창문을 가로로 길게 뚫을 수 있게 되었다. 엄밀히 말하자면 5번 '리본 수평창'은 4번 '자유로운 입면'의 하위개념이어서 '근대 건축의 4원칙'이면 충분했으나, 코르뷔지에는 고전 건축 원리들이 주로 '5원칙'으로 만들어져 있어서 억지로 하나를 더해서 5원칙으로 만든 것이다.

그런데 사실 르 코르뷔지에가 이야기한 근대 건축의 5원칙이라는 것은 두 번째 항목인 옥상 정원을 제외하고 나면 다 동양의 기둥식 구조의 건축에서 보이는 디자인과 거의 똑같다. 하나씩 살펴보자. 코르뷔지에가 필로티 구조를 이야기하면서 가장 강조한 내용 중 하나는 '필로티 덕분에 이제는 땅의 습기에서 자유로워질 수 있게 되었다'는 거였다. 그런데 우리나라는 이미 옛날부터 그렇게 해 왔었다. 코르뷔지에가 필로티를 만든 이유가 우리와 동일하다. 우리는 예부터 땅의 습기로부터 목구조 집을 지키기 위해서 지면에서 기둥으로 수십 센티미터 띄워서 집을 지었다. 한옥의 마루는 필로티 기둥 구조로 땅으로부터 올라가 있다. 우리나라 전통 건축물 중에서 또 다른 필로티 사례를 들자면 원두막이 있다. 필로티의 극단적인 케이스로 일본에는 미야지마의 신사가 갯벌에 지어져 있기 때문에 밀물 때 물에 잠기는 것을 피하기 위해 기둥을 사용하여 땅에서 들린 모습으로 지어져 있다. 미스 역시 같은 방식으로 '판스워스 하우스'를 만들었다. 둘이 다른 점이라면 코르뷔지에는 나무 기둥 대신에 철근콘크리트 기둥을 사용했고, 미스는 철골 기둥을 사용했다는 것뿐이다. 르 코르뷔지에가 1914년에 발표한 돔이노Dom-ino 구조 시스템을 보면 주춧돌이 있는 한옥 건물과 비슷해 보인다. 다른 점이라면 2층이라는 점과 경사 지붕이 없다는 정도다.

코르뷔지에의 돔이노 시스템.
'혁신적 집'이란 뜻의 돔이노 시스템은
동양 건축의 목구조와
동일한 개념의 공간 구축 방식이다.

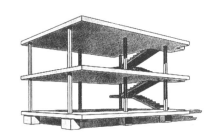

필로티 구조를 볼 수 있는 우리나라의 원두막

한옥(전남 나주 도래한옥마을)의
주춧돌과 르 코르뷔지에의
돔이노 시스템의 콘크리트로 된
점기초(spot foundation)가 비슷함을
알 수 있다.

점기초

한옥의 점기초인 주춧돌

6장. 동양의 공간을 닮아 가는 서양의 공간

근대 건축의 5원칙 중 3, 4, 5번인 자유로운 평면과 입면, 가로로 긴 창문 역시 기둥 구조에서 쉽게 나타나는 특징이다. 우리나라 창문은 여름철에 심지어 접어서 들고 올려 사라지게도 한다. 궁에서는 슬라이딩으로 된 미닫이 덧문으로 열고 닫으면서 공간이 가변적으로 변형된다. 그러니 근대 건축의 5원칙과 동양 건축의 다른 점이라면 나무 기둥에서 철근콘크리트 기둥으로 바뀐 것이고, 창호지 창문 대신에 유리창을 넣은 정도다. 또 하나 차이점을 굳이 찾는다면 동양의 건축물들은 창문을 기둥과 기둥 사이에 두었다면, 르 코르뷔지에의 창문은 기둥보다 조금 앞으로 나와서 조금 더 자유로워졌다는 정도일 것이다. 그러니 기본적으로 르 코르뷔지에의 근대 건축의 5원칙은 동양의 기둥식 구조의 건축 양식이 서양에 전파되어 산업혁명의 새로운 재료인 콘크리트와 함께 만들어진 문화적 변종이라고 볼 수 있다. 누군가는 코르뷔지에의 철근콘크리트 기둥 구조가 철근콘크리트라는 재료를 사용하면 당연히 만들어지는 현상이니 동양 문화의 영향은 아니라고 말할 수도 있다. 하지만 철근콘크리트 재료가 반드시 기둥 구조를 의미하지는 않는다. 뒤에 나오는 루이스 칸이나 안도 다다오 같은 건축가는 철근콘크리트 재료를 기둥 구조로 사용하지 않고 벽 구조체로만 사용했다. 코르뷔지에가 철근콘크리트라는 재료를 기둥식으로 사용한 아이디어는 그의 창의적인 생각이다. 나는 그 창조적 생각이 만들어지는 과정 중에 동양 문화의 영향을 받은 당시 유럽의 문화적 패러다임이 영향을 미쳤다고 생각한다.

르 코르뷔지에 본인은 자신의 디자인을 설명하면서 동양의 영향에 대해서 언급한 적은 없다. 하지만 문화 변종의 탄생은 패러다임 변화의 결과다. 생각은 창작자 자신이 의식을 하건 안 하건 상관없이 영향을 받고 진화하는 법이다. 산업혁명으로 늘어난 제품들을 팔기 위해서 1851년 런던 만국박람회를 비롯해서 1886년에는 에펠탑이 지어진 파리 만국박람회, 1893년 시카고 만국박람회 등 수많은 박람회의 국가관을 통해서 세계 각국의 건축 디자인이 교류되고 소개되었다. 이러한 문화적인 흐름 속에서 이미 서양의 문화는 다른 대륙의 문화를 스펀지처럼 빨아들이고 있었다. 그러한 거대한 시대 흐름 속에서 르 코르뷔지에의 건축 공간에 대한 생각이 서양식에서 동양식으로 점차적으로 진화해 갔을 것이다. 그 과정이 어땠는지 한번 살펴보자.

19세기 만국박람회에 지어진 동양 건축 양식의 국가관

6장. 동양의 공간을 닮아 가는 서양의 공간

르 코르뷔지에 제1기.
빌라 바크레송, 1922년: 서양 전통의 계승

앞서서 서양의 건축 공간은 기하학적이고 수학적인 반면, 동양의 건축 공간은 상대적이고, 격자형 기둥 구조, 자유로운 평면, 유동적인 공간을 갖는 것이 특징이라고 설명했다. 코르뷔지에의 작품을 살펴보면, 서양적 공간에서 시작해서 서서히 동양적인 공간으로 진화해 나가는 것을 관찰할 수 있다. '빌라 바크레송Villa Vaucresson'(1922)의 평면도를 보면 벽들의 위치는 기하학적으로 분석될 수 있다. 이는 코르뷔지에가 서양식 건축 양식인 기하학과 수학에 얽매어 있음을 보여 준다. 이 집은 구조적으로 건물의 무게를 지탱하도록 설계된 벽인 내력벽[3]으로 지탱하고 있다. 따라서 만들어진 공간 역시 벽에 의해서 구획된 매우 경직된 성격을 띠고 있다. 내부와 외부가 명확하게 구분되며, 유동적이거나 중간적 성격을 띠는 전이 공간은 없다. 아직까지 그의 작품은 서양의 전통적 공간의 특징을 유지하고 있다. 서양 전통 건축과 차별점이 있다면 '빌라 바크레송'에는 아무런 장식이 없는 미니멀한 공간이 연출되어 있다는 점이다. 당시 유럽에서는 일본의 건축관 파빌리온을 직접 보거나 사진을 보고 미니멀하다고 느껴서 따라하는 것이 유행했던 시절이다. 장식이 화려하지 않았던 일본의 인테리어 디자인은 유럽인들의 눈에는 장식이 없는 공간으로 판단되었다.

　당시 유럽의 상황은 산업혁명 이후 도시로 많은 인구가 유입하면서 갑작스럽게 주택이 많이 필요했던 시기였고, 1914년부터 1918년까지 유럽 전역을 제1차 세계 대전이 휩쓸고 간 후였다. 급작스럽게 많은 주택이 필요해진 시기에 기존의 방식으로 장식을 조각해 넣으며 건축

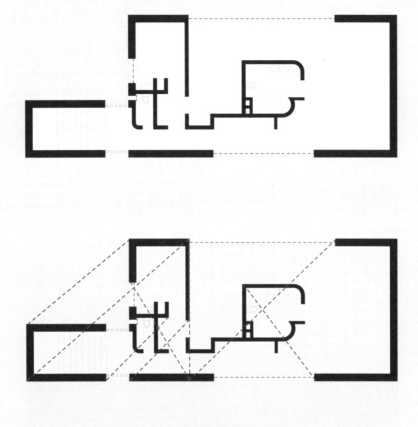

르 코르뷔지에의 '빌라 바크레송' 3층 평면도: 기하학적 구도에 맞춘 평면 구성

했다가는 수요를 감당할 수 없었다. 시대가 노동자를 위한 저렴하고 빠르게 지을 수 있는 건축 디자인을 필요로 했다. 가장 쉬운 방법은 손이 많이 가는 장식을 없애는 것이었고, 마침 이들에게 매력적이고 이국적인 나라인 일본의 건축에 장식이 없었다. 사람들은 미니멀 디자인이 시대에 맞는 답이라고 여겼고, '빌라 바크레송'은 그런 움직임 중 하나라고 볼 수 있다. 하지만 아직까지는 장식적인 부분을 제외하고는 기존의 서양식 공간과 별로 바뀐 것이 없는 건축이다.

르 코르뷔지에의 '빌라 바크레송': 장식은 없어졌지만 아직도 기하학적인 구도의 디자인이다.

7년이 지난 후, 르 코르뷔지에는 1929년에 근대 건축의 5원칙을 담은 '빌라 사보아Villa Savoie'(1929)를 만들게 된다. 그는 콘크리트 기둥으로 격자형 기둥 구조 체계를 사용하기는 했으나 동시에 기하학적인 평면을 만들려다 보니 때로는 기둥이 없어져야 하는 문제가 발생했다. 결국 기하학적인 평면도를 만들기 위해서 몇 군데 기둥의 위치를 바꾸었다. 이러한 의사 결정은 코르뷔지에가 디자인할 때 아직까지는 기하학적 가치를 격자형 기둥 체계보다 우선순위로 두고 있음을 보여 주는 증거다. '빌라 사보아'의 격자형 기둥 체계는 기본적으로 가로 5줄 세로 5줄로 총 25개의 기둥이 있어야 한다. 그런데 그중에서 11개 기둥의 위치가 변경되거나, 나누어지거나, 내력벽에 의해서 대체되었다. 전체 기둥의 40퍼센트가 움직였다는 이야기다. 이 시기에 그의 머릿속에는 동양의 문화 유전자로 인한 변화가 60퍼센트 정도 진행 중이었던 것이다. 그는 평면 작업을 할 때, 맨 처음 격자형 기둥 선을 밑에 깔고서 격자형 체계 위에 기하학적인 원이나 사각형 등으로 만든 평면을 오버랩시켜서 작업했음을 예상할 수 있다. 네모진 방의 벽들이 몇몇의 기둥을 대신했다. 하지만 그럼에도 불구하고 격자형 기둥 구조 덕분에 새로운 성격의 전이 공간이 연출되는 곳이 생겨났다. 1층에 줄 서 있는 둥근 기둥들이 2층을 받치고 있는 야외 공간인 필로티 공간으로 인해 주변 자연의 외부 공간과 주택의 내부 공간 사이의 경계가 모호해졌다. '빌라 사보아'부터 코르뷔지에는 동양적 성격의 공간을 만들어 내기 시작했지만 아직까지도 기둥보다는 내력벽이 우선

순위에서 더 상위에 있었으며, 평면이 자유롭다고 말은 하지만 실제로 평면의 벽체는 자유로운 곡선이기보다는 기하학적인 형태를 가진 경직된 모습이다.

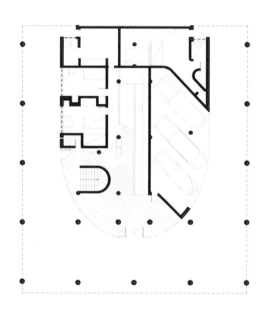

르 코르뷔지에의 '빌라 사보아' 1층 평면도

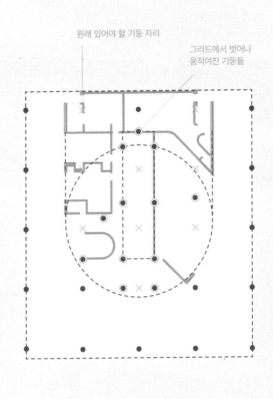

원래 있어야 할 기둥 자리

그리드에서 벗어나
움직여진 기둥들

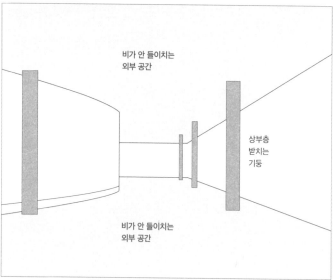

비가 안 들이치는
외부 공간

상부층
받치는
기둥

비가 안 들이치는
외부 공간

르 코르뷔지에의 '빌라 사보아'

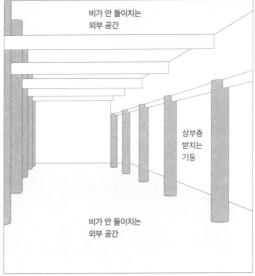

비가 안 들이치는
외부 공간

상부층
받치는
기둥

비가 안 들이치는
외부 공간

요시무라테이

6장. 동양의 공간을 닮아 가는 서양의 공간

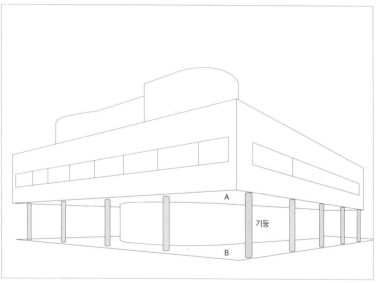

A

기둥

B

빌라 사보아

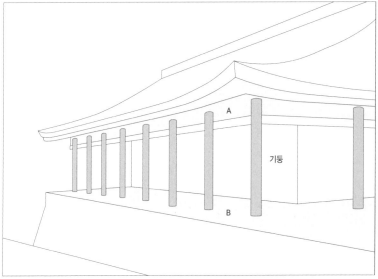

A

기둥

B

요시무라테이

6장. 동양의 공간을 닮아 가는 서양의 공간

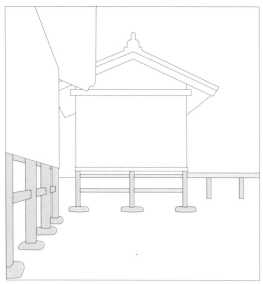

미야지마에 있는 '이츠쿠마신사'의 썰물 때 모습

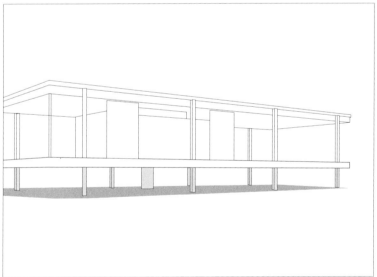

미스 반 데어 로에의 '판스워스 하우스'

　　　　　　　　　　　　　　　6장. 동양의 공간을 닮아 가는 서양의 공간

호류지 근방의 사원 '지코인慈光院'. 미닫이문을 모두 연 모습이다.

'판스워스 하우스' 내부. 기둥 사이가 모두 개방되어서 동양 건축 같은 느낌이다.

판스워스 하우스

'빌라 사보아' 내부. 가로 벽면을 거의 다 차지한 창문이 동양 건축의 내부 공간과 유사한 느낌이다.

6장. 동양의 공간을 닮아 가는 서양의 공간

르 코르뷔지에 제3기.
밀 오너스 빌딩, 1954년: 자유곡선 평면의 등장

'빌라 사보아'를 만든 지 25년이 지난 후, 코르뷔지에는 유클리드 기하학적 디자인으로부터 탈피한 모습을 보인다. 그는 격자형 기둥 구조로 만들어진 네모난 평면 내에서 자유 곡선을 사용하여 구조와 분리된 벽을 만들었다. 따라서 곡선 벽체와 기둥들 사이의 공간은 자연스럽게 모호한 중간적 성격의 공간으로 만들어졌다. 기둥들은 곡선으로 된 벽체가 구획하는 방 안에 위치하기도 하고 바깥에 위치하기도 한다. 따라서 이때 만들어진 공간은 좀 더 유동적이면서도 내외부 공간을 아우르는 성격을 띠고 있다. '밀 오너스 빌딩Mill Owner's Association Building'(1954)의 평면을 살펴보면 가로 5줄 세로 4줄 총 20개의 기둥 중에서 12개가 내력벽에 의해서 대체되었다. 이는 '빌라 사보아'보다 기둥의 격자 구조가 더 많이 깨진 모습이다. 하지만 기둥을 대체한 실내 벽체는 기하학적 모양으로 배치된 벽이 아닌 자유로운 곡선의 모양을 띠고 있다. 코르뷔지에는 이 작품에서 유클리드 기하학으로부터 더 자유로워진 모습을 보인다. 그러나 아직까지도 '빌라 사보아' 때와 마찬가지로 직사각형 모양의 평면 내에서의 자유일 뿐, 기하학적인 사각형의 평면을 깨뜨리지는 못했다.

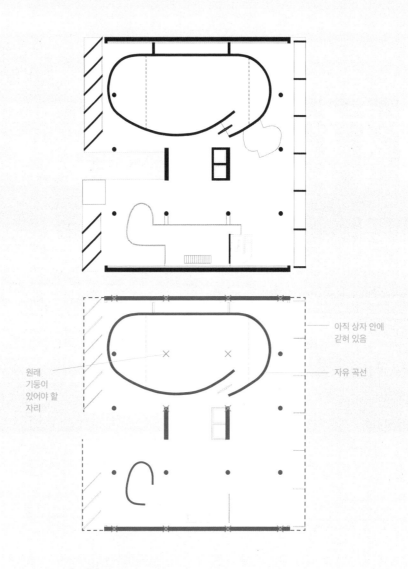

아직 상자 안에
갇혀 있음

원래
기둥이
있어야 할
자리

자유 곡선

르 코르뷔지에의 '밀 오너스 빌딩' 3층 평면도와 특징을 보여주는 평면 다이어그램

르 코르뷔지에의 '밀 오너스 빌딩'의 외부(좌)와 내부

6장. 동양의 공간을 닮아 가는 서양의 공간

르 코르뷔지에 제4기.
카펜터 센터, 1961년: 사각형을 깨뜨리다

코르뷔지에는 '밀 오너스 빌딩'을 만든 지 7년 후, 미국 하버드대학교 캠퍼스에 위치한 '카펜터 센터Carpenter Center'(1961)에서 진화의 마지막 단계 모습을 보여 준다. 이 작품은 그의 유작이기도 하다. 이 작품에서 코르뷔지에는 빌딩 전체를 통해서 모든 격자형 구조를 보전했다. 내력벽 없이 모든 벽이 구조로부터 자유로워졌다. 평면에는 어느 곳에도 기하학을 유지하기 위한 디자인이 보이지 않으며, 자유로운 곡선으로 된 벽체는 직사각형 평면의 네모 상자를 벗어나 바깥으로 나와 있다. 기존의 코르뷔지에의 곡선 벽체들은 사각형 바닥 슬래브⁴ 내에서만 자유로웠으나, '카펜터 센터'에서는 그러한 제한을 완전 탈피하여 평면 외곽의 모습이 자유로운 곡선 형태다.

이 건물은 움직이는 사람의 1인칭 시점을 고려해서 디자인한 건물이다. 이는 기존 서양 건축의 3인칭 전지적 관점에서 기하학과 수학을 중심으로 디자인한 건물과는 크게 다르다. 이는 전지적 시점을 가진 기하학적 정원 디자인에서 탈피하여 1인칭 시점을 가지고 디자인하는 픽처레스크 정원 디자인 양식과 일맥상통한 변화다. 서양에서는 전통적으로 건물의 정면을 디자인할 때 진입로를 정면에 수직으로 배치하여 진입하면서 2차원의 평면적인 건물 정면이 한눈에 들어오게 한다. 그리고 그렇게 보이는 정면은 황금 분할에 의해서 디자인되었다. 코르뷔지에의 초기 작품에서 우리는 그와 비슷한 디자인 접근 방식을 볼 수 있다. 1기 '빌라 바크레송'은 기하학적인 황금 분할이 고려된 입면이다.

하지만 말기 작품인 '카펜터 센터'에서 코르뷔지에는 건물의 정면에 수직으로 접근하는 방식을 버렸다. 대신에 인도와 평행하게 시작한 경사로는 곡선 형태로 휘어지면서 건물에 접근하다가, 건물에 들어가기 직전에야 비로소 정면과 수직으로 만나게 되어 있다. '카펜터 센터'에는 정면에 수직으로 놓인 진입로가 없기에 건물을 객관적으로, 전체적으로 인지하는 순간이 없다. 다만, 사람들은 건물 입면의 단편적인 투시도만 기억한다. 그리고 이러한 단편적 공간 이미지들은 사람들의 머릿속에서 다시 재구성되어 '카펜터 센터'라는 건물을 머릿속에 만들 뿐이다. 이 같은 디자인 방식은 17세기 영국의 픽처레스크 정원 디자인 방식과 동일하다. 픽처레스크 정원 디자인에 처음 보였던 1인칭 관점의 디자인이 3백 년 가까이 지나서야 르 코르뷔지에에 의해 건축물에 적용되어 나타난 것이다.

이외에도 '카펜터 센터'에는 빈 공간의 적극적 도입이 보인다. 동양 문화에서는 비움의 중요성을 강조해 왔다. 마찬가지로 코르뷔지에는 비움을 새롭게 건축 공간에 이용했는데, 좀 독특한 방식으로 빌딩의 중앙 부분을 빈 공간으로 처리했다. 다시 설명하자면, 이 건물의 주진입 경사로는 건물을 관통하여 빌딩이 위치한 대지의 반대쪽 인도로 연결되는 구조다. 이렇게 함으로써 건물의 중심부는 바람이 통하는 빈 공간으로 되어 있다. 좀 더 극단적으로 설명한다면, '카펜터 센터'는 기하학적으로 균형 잡힌 정면도 대신에 빈 공간을 정면도로 두었다고 말할 수 있다. 코르뷔지에는 '카펜터 센터'에서 격자형 기둥 구조 시스템을 사용하고, 흐름이 있는 유동적인 사이 공간을 연출하고, 빈 공간을 적극 도입하였으며, 1인칭 관점을 이용하여 상대적인 가치를 가진 디자인을 선보였다. 이 모든 특징은 동양 건축의 특징과 일치한다. 그러면서도 동시에 철근콘크리트를 이용한 노출 콘크리트로 외관을 만들었고, 형태는 동양의 건축물과 완전히 다르다. '카펜터 센터'는 동양적 문화 유전자와 20세기 산업화가 완전하게 융합되어 새로운 변종으로 만들어진 성공적인 혁신이다.

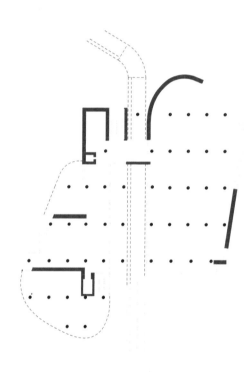

르 코르뷔지에의 '카펜터 센터' 2층 평면도

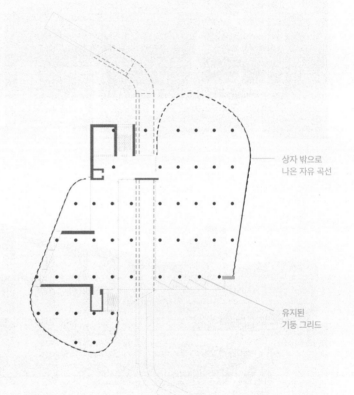

상자 밖으로
나온 자유 곡선

유지된
기둥 그리드

르 코르뷔지에의 '카펜터 센터': 곡선의 외곽선을 갖는 평면도를 만들었다

'카펜터 센터'의 진입로: 정면에 수직으로 진입하는 대신 곡선의 경사로로 진입한다

'카펜터 센터'의 정면 입구: 정면의 가운데가 비어 있다

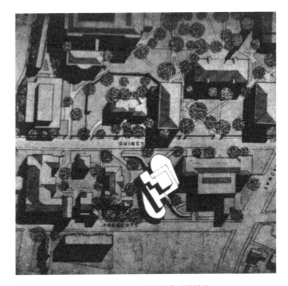

'카펜터 센터' 배치도: 경사로로 된 도로가 건물을 관통한다

6장. 동양의 공간을 닮아 가는 서양의 공간

새로운 생각은 서로 다른 것이 만나서 융합할 때 이루어진다. 보통 이런 다른 생각들은 충돌하고 모순되어 보이기도 한다. 이러한 모순이 새로운 생각으로 통합되면서 문화는 한 단계 발전한다. 모순을 새로운 이론으로 화합시키는 방식이 극명하게 드러나는 분야가 과학이다. 카를로 로벨리의 『보이는 세상은 실재가 아니다』에 의하면 뉴턴의 만유인력의 법칙은 '지구상에서 물체가 움직이는 것을 관찰해서 규칙을 찾아낸 갈릴레오'의 생각과 '아주 거대한 천체의 움직임을 연구한 케플러'의 연구를 합쳐서 만든 것이라고 한다. 패러데이와 맥스웰은 '전기에 대한 연구'와 '자기에 대한 연구'를 합쳐서 전자기 방정식을 완성했다. 아인슈타인은 '뉴턴의 역학'과 '맥스웰의 전자기학'의 괴리를 해결하기 위해서 특수 상대성이론을 완성했다. 그리고 '뉴턴의 역학'과 자신의 '특수 상대성이론' 사이의 충돌을 해결하기 위해 '일반 상대성이론'을 완성했다. 이처럼 역사상 뛰어난 생각은 모순되는 서로 다른 것들을 하나로 화합시키기 위한 노력의 과정에서 만들어진다.

미스와 코르뷔지에가 한 일도 이와 같다. 이들이 살았던 시대는 산업혁명의 시대로, 새로운 재료와 기술이 공장에서 쏟아져 나오던 시대였다. 동시에 이들은 교통수단의 발달로 공간 압축이 이루어지고 다른 지역의 문화를 일상에서 접할 수 있었던 첫 번째 세대이기도 했다. 과거에도 장거리 여행을 통해서 다른 문화를 접할 수 있는 시기가 있었다. 마르코 폴로 같은 상인들이 『동방견문록』을 쓰던 시대가 대표적인 사례다. 하지만 이들은 상업을 주업으로 하던 사람들이었고, 직접 그 지역에 가야지만 다른 문화를 접할 수 있었다. 국제 무역을 하는 상인들만 그런 문화적 체험이 가능했다. 하지만 식민지와 산업화의 시대를 살았던 미스와 코르뷔지에는 삶의 터전을 떠나지 않고도 쉽게 다른 지역의 문화를 피부로 느낄 수 있는 시대에 살았다. 그리고 동시에 그들은 산업화가 만든 새로운 기술도 접했다. 두 거장이 이룬 업적은 '새로운 기술'과 '다른 지역의 문화 유전자'를 섞은 것이다. 그들은 공간의 구축 방식으로 기둥 구조라는 동양의 수천 년 된 아이디어를 사용하고 거기에 최신 철골이나 철근콘크리트 기술을 합쳐서 새로운 근대 건축의 장을 열었다.

미스와 코르뷔지에가 그럴 수 있었던 것은 이 두 명의 건축가가 유럽 건축가였기 때문이다. 유럽은 무역을 통해서 외부의 문화를 받아들일 수 있는 여건을 갖추고 있었다. 게다가 유럽은 산업혁명의 발생지로 산업화 기술이 만들어지는 곳이기도 하였다. 그런 조건상에서 수입된 동양의 문화 유전자와 유럽의 기술 혁명이 합쳐져서 만들어진 것이 미스와 코르뷔지에의 공간이다. 15세기 대항해 시대의 시작부터 19세기까지의 문화 교류가 있었기에 20세기 초반에 유럽에서 이러한 일이 가능했던 것이다. 그렇다면 다른 미국 대륙과 아시아에서는 어떠한 일이 일어나고 있었을까? 미스와 코르뷔지에가 신기술과 동양의 문화 유전자를 섞었다면 다음에 소개할 건축가 두 명은 콘크리트 기술 위에 동양의 문화 유전자와 서양의 기하학적 성격의 문화 유전자를 섞은 건축가들이다. 한 명은 20세기 후반 최고의 건축가로 일컬어지는 루이스 칸Louis Kahn(1901~1974)이고, 또 다른 한 명은 안도 다다오安藤忠雄(1941~)다. 20세기 전반부에는 미스와 코르뷔지에가 유럽에서 새로운 생각을 만들어 냈다면, 20세기 후반에 들어서는 한 명은 북아메리카에서, 한 명은 아시아에서 화답을 했다. 이 거장들은 자신의 지역에서 어떻게 새롭고 창의적인 생각을 했는지 살펴보자.

7장. 공간의 이종 교배 2세대

안도 다다오 '물의 교회'
(1985-1988)

루이스 칸 '소크 연구소'
(1959-1965)

『드래곤볼』 연재 시작
(1984)

BC 300   15C   1900   1950 1960 1970 1980 1990 2000

20세기 전반부가 동서양 공간의 이종 교배 1세대라고 한다면 20세기 후반부는 이종 교배 2세대가 나온 시대다. 요즘은 전 세계 어디를 가나 빌딩들이 다 비슷하게 지어져 있다. 뉴욕, 두바이, 서울, 방콕, 상하이, 도쿄의 현대식 건물은 모두 네모난 상자 모양에, 유리창이 많고 고층으로 지어진다. 이렇게 세계 어디를 가나 똑같은 양식으로 지어지는 것을 '국제주의 양식'이라고 한다. 20세기 후반에 지어진 건축물의 대부분은 국제주의 양식으로 지어졌다. 미스 반 데어 로에와 르 코르뷔지에가 동서양의 건축 공간을 융합한 새로운 하이브리드 공간을 선보였지만 그 이후의 건축은 국제주의 양식이라는 획일화된 공간으로 귀결된 이유는 무엇일까? 그 이유는 지역 문화를 배재한 상태에서 철근 콘크리트, 엘리베이터, 유리 같은 기술만 적용했기 때문이다. 앞서서 설명한 미스와 코르뷔지에 역시 철골 구조, 철근콘크리트, 유리 같은 새로운 기술과 재료를 그들의 건축에 도입했다. 하지만 그 둘은 거기서 그친 것이 아니라 다른 나라의 문화적 요소까지 융합했기에 새로운 공간을 창조할 수 있었다. 제대로 된 창조는 문화와 기술 두 마리 토끼를 잡았을 때 만들어진다. 문화적 요소의 융합이 배제된 상태에서 기술적인 부분만 적용하면 다양성이 소멸된다. 21세기 문화 다양성의 멸종 문제는 기술적 요소만 도입되었기 때문에 발생한 문제다.

국제주의가 장악했던 20세기 후반은 '형태는 기능을 따른다(Form follows Function)'는 명제의 시대였다. 따라서 특별한 기능을 제공하지 못하는 빈 공간은 건축에서 존재 의미를 증명하지 못하고 퇴출

되었다. 전통적인 성당에서 볼 수 있는 높은 천장고를 가진 아름다운 돔 공간은 낭비되는 공간으로 치부되었다. 과거에는 100미터 높이의 돔을 가진 성당을 지었다면 지금은 엘리베이터와 형광등의 도움으로 같은 볼륨의 공간에 25층짜리 사무실을 꽉 차게 집어넣을 수 있게 되었다. 그런데 이러한 국제주의 양식에 염증을 느낀 사람이 있었다. 루이스 칸이라는 건축가다. 칸은 모던하기만 했던 건축에 기능이 없는 빈 공간을 재도입함으로써 국제주의 양식에서 탈피한 모습을 보여주었다. 칸이 디자인한 대부분의 건축물은 서양 전통 건축의 특징인 기하학적 형태를 띠는 동시에 중앙에는 높은 빈 공간을 만들어 놓고 있다. 그는 여타 국제주의 양식 건물처럼 콘크리트와 엘리베이터를 사용하지만, 동시에 서양 전통 건축에서 사용했던 상하좌우 대칭의 기하학적 공간을 만들고, 특별한 기능이 없는 큰 부피의 빈 공간을 만든다. 그는 근대 건축에서 사라졌던 서양의 전통 문화 유전자와 콘크리트 기술을 융합시켜서 새로운 공간을 창조한 것이다. 칸이 디자인한 공간의 또 하나의 특징은 자연 채광을 실내로 끌어들이려고 노력했다는 점이다. 인공조명을 할 수 있는 형광등의 발전으로 현대 건축은 더 이상 자연 채광을 받아들이기 위한 높은 천장고에 세로로 긴 창이나 천창이 필요 없게 되었다. 그랬기 때문에 모든 건물은 천장고가 2.4미터 정도로 낮게 디자인된다. 루이스 칸이 디자인한 공간은 천장이 높고 다채로운 모습을 띠는데, 이는 자연 채광을 건물 내부로 들이려 하다 보니 나온 디자인이다. 이때 건물이 위치한 위도에 따라서 채광창의 모습도 각기 다르게 적용된다. 보스턴 같은 북쪽 도시에 지어진 '필립스 엑스터 아카데미 도서관Phillips Exeter Academy Library'(1972)의 경우에는 태양 고도가 낮기 때문에 측창을 통해 태양광을 들여와 반사판을 이용해서 햇빛이 아래로 내려가게 디자인하였고, 남쪽 텍사스에 지어진 '킴벨 미술관Kimbell Art Museum'(1964)의 경우에는 태양광의 입사각이 높기 때문에 머리 위 천창을 통해서 수직으로 떨어지는 빛을 반사시켜서 천장을 비추게 디자인했다. 근대 이전의 모든 건축물은 자연 채광을 도입하려고 노력했지만 형광등 보급 이후 기술에 의존하면서 자연과 분리된 건축을 하게 되어 왔는데, 칸은 과거의 전통을 현대 건축에 재도입한 것이다. 하지만 그는 전통을 그대로 가져다 쓰지 않고, 새롭게 진화시켰다. 이런 모습은 그의 최대 걸작이라 일컬어지는 텍사스에 위치한 '킴벨 미술관'에 잘 나타나 있다.

루이스 칸의 '필립스 엑스터 아카데미 도서관'

'필립스 엑스터 아카데미 도서관'(좌)과 중세 고딕 성당

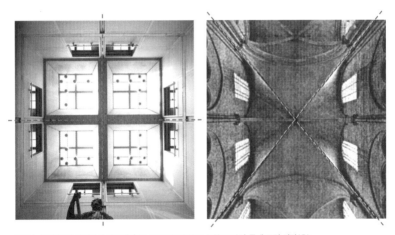

루이스 칸의 '예일 브리티시 아트센터Yale Center for British Art'(1974)와 중세 고딕 성당(우)
루이스 칸의 공간과 중세 고딕 성당의 공간은 유사한 기하학적 공간 구성을 띠고 있다.

루이스 칸의 '킴벨 미술관'(1964) 내부와 외부

'킴벨 미술관'은 외부에서 보면 텍사스에 있는 곡물 창고인 '사일로silo'를 눕혀 놓은 듯한 모습을 하고 있다. 이 건물이 사일로 혹은 격납고처럼 보이는 이유는 지붕이 둥그런 형태를 띠어서인데, 볼트 구조를 사용하고 있기 때문이다. 볼트란 반원형의 아치 구조를 한쪽 방향으로 쭉 늘린 것으로 이해하면 된다. 남대문 입구에 가면 아치로 된 문이 있는데 그 문이 연결되어 길어지면 볼트 구조가 되는 것이다. '킴벨 미술관'은 이렇듯 평범하고 단조로운 모습을 가지고 있는데, 내부로 들어가 보면 아주 놀라운 공간이 연출된다. 그 이유는 일반적인 볼트와는 다르게 볼트 천정면의 가장 높은 정수리 부분이 천창으로 되어 있어서 강렬한 텍사스의 빛을 유입하기 때문이다. 천창으로 들어온 햇빛은 곡면 금속판에 반사되어 다시 노출 콘크리트로 만들어진 곡면 천장을 비춘다. 이렇게 함으로써 일반적으로 실내에서 가장 어두워 보이는 천장면이 달 표면처럼 빛을 낸다. 자연 채광 빛뿐만 아니라 재료가 가진 고유의 질감과 색감을 극대화한 실내 공간이 만들어지게 된 것이다.

구조적으로 보면 볼트 구조 천장의 가장 높은 부분은 가장 많은 압축력을 받는 곳이다. 그래서 그곳은 예부터 가장 단단한 돌로 만들었다. 그 단단한 돌을 '키스톤'이라 부르는데, 중요한 부분을 표현할 때 이 단어를 쓰기도 한다. 하지만 칸은 이러한 전통을 거꾸로 뒤집어서 구조적으로 가장 필요한 키스톤을 빼내고 그 빈자리를 통해 빛이 들어오게 했다. 이것이 전통을 해석하는 칸의 방식이다. 아치를 쓰더라도 그냥 채용하는 것이 아니라 아치를 밑으로 180도 회전해서 두 개의 아치가 위아래로 대칭된 모양을 만들어 벽에 동그란 구멍을 낸다든지, 건물의 입구를 정면 가운데에 위치시키는 전통적인 방식이 아닌 건물의 모서리 부분에 배치하는 식이다. 얼핏 보면 전통적으로 보이나 자세히 보면 근본적으로는 다른 방식으로 전통의 재해석을 추구해 왔다. 오래되었다고 낡고 버려야만 하는 것은 아니다. 그렇다고 오래된 것이 항상 옳은 것도 아니다. 그래서 21세기에 무턱대고 한옥을 그대로 지어서는 안 된다. 그건 우리 시대에 해야 할 새로운 시도를 하지 않는 안일한 태도다. 그런 면에서 루이스 칸은 두 마리 토끼를 다 잡은 건축가다. 옛 전통을 살리면서도 동시에 새로움을 창조해 냈다. 루이스 칸은 킴벨 미술관에서 과거의 볼트 구조를 사용했지만 새로운 기술인 철근콘크리트를 이용해서 만들었다. 철근콘크리트는 내부에 철골이 보강되어서 고전적인 돌로 만든 볼트 천장보다 구조적으로 더 단단하기 때문에 볼트 천정의 꼭대기의 키스톤 자리에 부분적으로 구멍을 뚫어도 압력을 견딜 수 있어서 천창을 뚫을 수 있었다. 새로운 창조를 하는 사람들은 여러 가지 다양한 문화 유전자를 섞어야 한다. 가장 손쉽게 새로운 문화 유전자를 만드는 방법은 다른 지역의 문화에서 찾는 것이다. 동서양이 다르게 발전하였고 이 둘은 융합되면서 2차적으로 새로운 문화를 만들어 냈다. 그런데 지리적 발견이 끝난 20세기 후반에는 다른 지역에서 새로운 문화 유전자를 찾기 힘들게 되었다. 그래서 루이스 칸이 찾은 방식은 과거의 문화에서 필요한 유전자의 다양성을 찾는 것이었다.

키스톤

루이스 칸의 공간과 오래된 성당의 공간을 찍은 사진을 옆에 두고 비교해 보면 얼마나 흡사한지 직관적으로 알 수 있다. 그 이유는 두 공간 모두 기하학적 대칭 형태와 자연 채광을 이용한 빛의 연출이 있기 때문이다. 하지만 유대인이었던 루이스 칸의 디자인에는 서양 전통에 유대 민족의 전통을 접목시킨 부분도 보인다. 유대인들은 특정 기하학의 조합이 영적인 힘을 갖는다고 믿었다. 특히 솔로몬이 그러한 문양을 많이 그렸는데, 대체로 원에 삼각형 혹은 사각형이 내접해 있는 식으로 유클리드 기하학의 내접된 중첩을 그렸다. 칸의 여러 건축 평면에서 이러한 솔로몬의 문양이 나타나고 있는데, 대표적인 예가 '예일대학교 아트 갤러리Yale University Art Gallery'(1951~1953)의 계단실이다. 그는 원을 계단실로 만들고 계단을 평면상 삼각형 모양으로 그 안에 내접해서 집어넣은 다음, 천장부에 자연 채광을 반사시키는 반사판을 삼각형으로 디자인해서 내접하게 만들었다. 이렇게 함으로써 삼각형의 내부는 어두운 그림자로 채워지고 원과 삼각형 사이 세 개의 공간은 빛으로 채워지는 음영으로 만들어진 기하학이 나오게 된다. 그 외에도 1953년에 디자인한 '필라델피아 시민회관'에서도 이와 흡사한 형태의 평면이 나오고 있다. 원에 삼각형이 내접하는 모습들은 기존의 서양 건축에서는 찾아보기 힘든 기하학의 조합이다. 이러한 독특한 디자인은 유대의 전통 디자인에서 영향을 받은 것으로 추측된다.

4

루이스 칸의 '예일대학교 아트 갤러리' 내 계단실

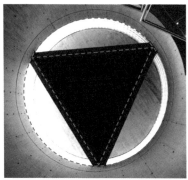

'예일대학교 아트 갤러리' 내 계단실   솔로몬의 문양

필라델피아 시민회관 내 호텔과
백화점의 평면을 설명하는
다이어그램(루이스 칸, 1953)

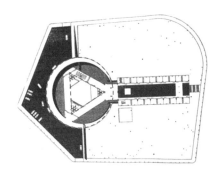

아다스 유대인 회당과
학교(루이스 칸, 1954)

그는 서양 전통 건축뿐 아니라 동양의 도가 스타일의 빈 공간을 사용하기도 했다. 그의 대표 작품 중 하나인 '소크 연구소(소크 생물학 연구소)Salk Institute for Biological Studies'(1959~1965)를 디자인할 때, 이 건물의 중앙 광장은 원래 숲이 우거진 정원이었다. '소크 연구소' 1층 중앙 광장에 있는 분수대와 그와 연결해서 선형으로 만들어진 수로를 보면 칸이 처음에는 '소크 연구소'를 디자인할 때 '알함브라궁전'을 벤치마킹한 것이라고 여겨진다. '알함브라궁전'은 스페인을 정복한 이슬람인들이 만든 궁전이다. 사막에서 살았던 이슬람인들에게 천국은 물이 풍부한 곳이었다. 그래서 이슬람인들은 '알함브라궁전'을 디자인할 때 물을 여러 가지 형태로 체험할 수 있는 다양한 분수와 수水 공간을 디자인하였다. 그중에 하나인 '사자궁'에 가면 땅에서 물이 솟는 작은 분수가 좁은 수로를 따라서 사자 조각상이 있는 곳으로 가는 디자인이 있다. 루이스 칸은 '소크 연구소'의 중앙 광장에 이런 분수 수로를 놓고 주변으로 나무를 심어서 새들이 쉴 수 있게 하려는 계획을 하였다. 실제로 루이스 칸은 생화학 연구원들이 쉴 때에는 새소리를 들으면서 마치 오아시스에서 쉬는 것처럼 느끼게 해 주고 싶었다고 말했다. '소크 연구소'가 위치한 라호야La Jolla라는 곳은 기본적으로 태평양에 접한 사막 지대다. 루이스 칸이 '소크 연구소'를 디자인하면서 사막의 오아시스를 연상했고, 사막의 오아시스를 콘셉트로 디자인한 '알함브라 궁전'에서 모티브를 따오려고 한 것은 자연스러운 과정이라고 생각한다. 그런데 변수가 생겼다.

알람브라 궁전

칸은 1965년 12월 멕시코시티를 여행하면서 멕시코 건축가 루이스 바라간Luis Barragán이 디자인한 별다른 식재를 사용하지 않은 소박한 정원을 방문했다. 이 정원에 깊은 인상을 받은 루이스 칸은 자신이 진행 중이던 '소크 연구소' 건설 현장에 바라간을 초대해 중정에 대해 비평해 달라고 요청했다. 바라간은 캘리포니아 라호이아에 있는 '소크 연구소' 현장에서 "이 공간에 나무나 잔디 대신에 돌로 포장된 중정을 만드십시오. 그러면 당신은 '소크 연구소'의 입면으로 하늘을 갖게 될 것입니다."라고 말했다. 바라간은 칸에게 비움을 통해서 진정한 자연을 얻으라는 가르침을 준 것이다. 칸이 만들려고 했던 나무가 심긴 정원은 인공의 자연인 반면, 바라간이 이야기한 비워진 중정을 통해 얻는 하늘은 진정한 자연이다. 칸은 바라간의 충고를 받아들여 그 유명한 나무 한 그루 없이 비워진 '소크 연구소' 중정을 만들었다. 마치 료안지龍安寺의 '선의 정원'에서 나무를 없애고 모래와 돌로만 구성된 명상의 공간을 만들 수 있었듯이, 칸 역시 '소크 연구소'에 빈 공간을 만듦으로써 도가식 정원이 주는 침묵을 얻을 수 있었다.

말로 표현할 수 있는 도道는 영원불변永遠不變의 도가 아니다. 이름 붙일 수 있는 이름은 영원불변의 이름이 아니다. 이름 없는 것은 천지의 처음이고, 이름 있는 것은 만물의 어머니다.
(『노자 도덕경』 1장, 남만성 역)

루이스 칸의 '소크 연구소' 중정

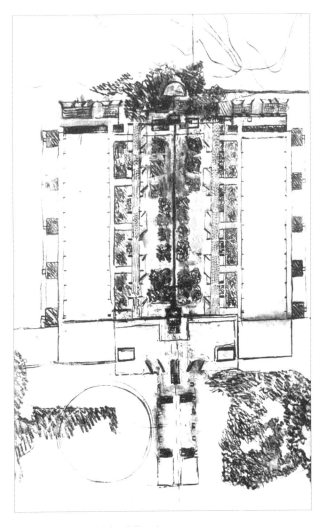

'소크 연구소' 중정의 오리지널 스케치(1962)

나는 위대한 건물은 '잴 수 없는 것unmeasurable'에서 시작하지 않으면 안
되며, 디자인 과정에서 '잴 수 있는 것measurable'을 통하지 않으면 안 된
다고 생각한다. 그러나 그것은 마지막에는 '잴 수 없는 것'이 되어야 한다.
(루이스 칸)

루이스 칸은 건축의 본질상 물질을 가지고 만들어야 한다는 것을 '잴
수 있는 것'을 통해야 한다고 표현했다. 그리고 그는 하지만 건축의 처
음과 끝은 결국 '잴 수 없는 것'의 가치를 가져야 한다고 말한다. 칸이
말하는 '잴 수 없는 것'은 노자가 말하는 '이름 없는 것' 즉 말로 표현할
수 없는 도道를 말하는 것이고, '잴 수 있는 것'은 '이름 있는 것'이라고
이해할 수 있다. 가장 높은 가치는 측량하거나 정의 내릴 수 없는 것이
라 믿고 그곳에 가기 위해서 측량할 수 있는 형이하학적인 건축을 통
하는 것이라는 루이스 칸의 생각은 다분히 노자스럽다. 칸은 침묵하
는 동양의 보이드 공간을 서양의 기하학적인 틀에 성공적으로 맞춰 넣
은 건축가다. 루이스 칸은 20세기 후반 최고의 건축가로 추앙받는다.
그가 그렇게 창조적인 작업을 할 수 있었던 것은 다양한 문화를 수용
하고 융합하는 능력에 있다. 코르뷔지에와 미스가 서양 건축가로서 근
대의 새로운 기술에 동양의 문화 유전자를 융합하는 능력을 보여 주었
다면, 루이스 칸은 현대식 건축 기술을 사용하면서도 동시에 서양 전
통 건축, 도가 사상, 유대 민족 문화까지 자신이 접할 수 있는 모든 문
화적 유전자를 섞어서 융합시킨 건축가였다. 특히 20세기 전반을 거치
면서 사라졌던 서양의 전통 문화 유전자를 복원하여 사용한 점은 그
의 독특한 성취다. 솔로몬의 문양 역시 오랜 과거의 문화 유전자다. 미
스나 코르뷔지에가 한 융합은 공간적으로 멀리 떨어진 곳의 문화 유전

자를 빌려 쓰는 '공간을 뛰어넘는 융합 능력'이라면, 루이스 칸은 다른 시간대에 존재하는 문화 유전자를 도입하는 '시간을 뛰어넘는 융합 능력'이라고 할 수 있다. 그의 '시간을 초월한 융합 능력'이 칸을 위대한 건축가로 만든 것이다.

건축계의『드래곤볼』: 안도 다다오

『드래곤볼』이라는 만화가 있다. 1984년부터 1995년까지 10년간『주간 소년점프』라는 일본 만화 잡지에서 연재되었는데, 단행본은 전 세계적으로 3억 5천만 부가 판매됐을 정도로 히트를 친 만화다. 나도 대학 시절에 해적판으로 나온 만화를 친구에게 빌려서 열독했던 기억이 있다. 이 만화가 전 세계적으로 히트를 친 이유가 뭘까? 나는『드래곤볼』의 스토리가 동서양 종교 문화의 융합으로 만들어졌기 때문에 동서양에 걸쳐서 대중이 열광하는 콘텐츠가 된 거라 생각한다. 서양의 전통 종교 패러다임은 기독교다. 기독교의 핵심 스토리는 '메시아 사상'이다. 메시아 사상은 고통스럽고 혼란스러운 세상의 끝에 구세주인 메시아가 나타나서 모든 문제를 해결해 준다는 이야기 구조다. 동양의 대표적 종교 중 하나인 불교의 핵심 스토리는 뭘까? 부처가 자기계발을 통해서 각성하여 열반에 이르고 초월적 존재가 된다는 이야기다. 이 두 이야기를 섞은 것이『드래곤볼』만화의 골자다.『드래곤볼』이야기 초반에 우주의 절대 강자인 '초사이어인'이라는 메시아가 나타날 것이라는 신화를 복선으로 깐다. '초사이어인'이란 '사이어'라는 외계 종족이 있는데, 그 종족 중에서 초인超人이 나타난다는 뜻이다. 그리고 프리저라는 지구를 멸망시키려는 막강한 악당이 나타난다. 주인공 손오공이 끝없는 수련과 자기계발을 통해서 계속 성장하다가 마지막에 각성覺醒하여 초사이어인이 되고 프리저를 무찔러 우주에 평화를 가져온다. 초사이어인이 올 것이라는 메시아 스토리 라인에 주인공이 수련을 통해 각성하여 부처 같은 초인이 되는 이야기 구조다.『드래곤볼』은 동서양에서 잘 받아들여질 수밖에 없는 이야기였다.

1980년대 만화계에 『드래곤볼』이 있었다면, 건축계에는 안도 다다오가 있었다. 공교롭게도 둘 다 일본 국적이다. 1868년 일본은 메이지 유신을 통해서 서양 문화를 적극 수용한다. 일본은 오랫동안 봉건 사회였다. 이 기간 중 봉건 영주들 간의 전쟁이 있었는데, 일본 문화는 항상 정복을 당하면 강한 지배자에게 저항하기보다는 순응하는 쪽으로 발전했다. 승자에게 복종하는 것이 전쟁이 많은 봉건 사회에서 살아남는 방법이었기 때문이다. 그랬기 때문에 제2차 세계 대전에 원자폭탄으로 패전한 이후 맥아더 사령관과 미국 문화도 저항 없이 일본 사회에 수용되었다. 일본은 문화에서도 승자인 미국의 문화를 적극 수용하였다. 1952년부터 1968년까지 일본에서 연재된 만화 『우주소년 아톰』이라는 만화 캐릭터는 미국의 대표적인 캐릭터인 슈퍼맨과 미키 마우스를 합쳐 놓은 캐릭터다. 슈퍼맨은 바지 위에 삼각팬티를 입고 빨간 장화를 신고 하늘을 난다. 미키 마우스는 검정색 머리에 두 개의 큰 귀가 달려 있다. 이와 마찬가지로 아톰 역시 팬티를 입고 빨간 장화를 신고 하늘을 날며, 머리는 검정색인데 미키 마우스의 둥그런 귀 대신에 뾰쪽한 귀를 가지고 있는 차이밖에 없다. 이름이 아톰Atom인 이유는 원자폭탄을 뜻하는 Atomic Bomb을 애칭으로 만든 것으로 생각된다. 만화 『우주소년 아톰』은 미국의 대표적인 캐릭터 두 개를 합쳐서 강력한 캐릭터를 갖는 것으로, 미국에게 원자폭탄으로 패전당한 트라우마를 해소하려고 시도한 문화라고 해석할 수 있다. 이 당시만 하더라도 자국에 대한 자긍심이 부족했기에 캐릭터 소스나 이름은 모두 승전국인 미국의 것을 사용했다. 하지만 1964년 도쿄 올림픽을 기점으로 폭풍 같은 경제 성장을 기록한 일본은 1980년대 들어 미국을 위협하는 경제 강국으로 떠올랐다. 미국인들이 초밥을 먹었고, 워크맨과 도요타 자동차에 열광했다. 서구에 대한 열등감이 사라지면서 동양적인 것에 대한 자긍심이 생겨난 1980년대 일본에서는 동양과 서양의 문화가 대등하게 융합됐다. 그 결정체가 만화에서는 『드래곤볼』이고 건축에서는 안도 다다오라고 할 수 있다. 그렇다면 안도 다다오의 건축이 왜 동서양 문화의 하이브리드인지 살펴보자.

슈퍼맨   미키 마우스   아톰

만화책 『드래곤볼』

7장. 공간의 이종 교배 2세대

이 책의 앞부분에서 살펴보았듯이 서양 건축의 특징은 기하학적이고 벽 중심의 건축이다. 안도의 건축을 보면 건물들이 콘크리트 벽 구조로 기하학적인 사각형이나 원의 형태를 띠고 있다. 단 이러한 기하학적인 건물들의 배치는 동양적 스타일로 흩어져 있다. 건물과 건물 사이에는 빈 공간이 들어가 있고 낮은 담장으로 마당을 구획하고 있다. 작은 창문으로 바깥 경치를 보지 못하던 서양 건축과 달리 기하학적으로 만들어진 안도의 콘크리트 상자들은 커다란 창문을 가지고 있다. 이 창문을 통해서 건물 사이의 자연을 바라보게 디자인되어 있다. 들어가는 진입로도 일본 전통 건축물처럼 여러 차례 꺾어 놓았다. 진입로를 따라서 걸으면 계속해서 변화되는 다양한 경치를 보여 주는 공간 구성을 가지고 있다. 이렇듯 안도 다다오의 건축 공간은 서양의 기하학과 동양의 상대적 관계성을 융합시킨 건축이다.

우선 상대적 관계성에 대해서 살펴보자. 그의 건축은 관찰자의 위치에 따라서 변화하는 투시도를 만들어 내고 그렇게 함으로써 주변 요소들 간의 변화하는 관계성을 만들어 내는 장치다. 한마디로 안도의 건축은 다양한 관계를 만드는 장치다. 이 같은 방식은 영국의 픽처레스크 정원 디자인이나 동양의 전통 정원을 디자인하는 원칙과 동일하다. 안도는 "나는 내 건물 안에 있는 사람들이 조용히 감동을 받고, 본인이 받은 감동을 떠들어 대지 않는 그런 공간을 만들고 싶다"고 말했다. 그래서인지 그의 건축에는 마치 칸의 건축이나 일본 전통 건축에서 보이는 침묵의 빈 공간이 항상 존재한다. 독학으로 건축을 공부한 안도가 칸과 코르뷔지에를 그의 정신적 지주로 삼고 건축을 공부했다는 사실은 유명하다. 그가 코르뷔지에에게 건축을 배우고자 유럽에 건너갔을 때, 코르뷔지에는 이미 세상을 떠난 후였다. 그래서 안도는 일본으로 돌아온 후 코르뷔지에의 모든 건축 도면을 반투명한 트레이싱페이퍼에 여러 번 베끼면서 독학으로 건축 공부를 했다고 한다. 안도는 코르뷔지에를 너무 동경해서 그가 키우는 개 이름을 '코르뷔지에'라고 지을 정도다. 칸과 코르뷔지에를 모델 삼아 건축을 공부했으니, 동서양 문화 유전자가 융합된 건축을 체득했을 것은 유전적 계보에 따른 당연한 일이다.

안도의 건축 공간을 이해하기 위해서는 일본 전통 건축, 특히 안도의 건축 양식과 공간에 지대한 영향을 끼친 16세기 다도茶道의 대가 센노 리큐千利休(1521~1591)부터 살펴보아야 한다. 리큐는 기존의 전통 건축에서 좀 변형된 방과 파빌리온을 디자인해 다도에 새로운 기운을 불어 넣었다. 리큐의 건축에서는 다도가 이루어지는 공간에 들어가기 전의 접근로가 매우 중요하다. 진입로를 따라가다 보면 방문객들은 시시각각 변화하는 장면들을 경험하게 된다. 이 같은 방식의 선형적 접근로는 안도의 여러 건축에서 찾아볼 수 있다. 안도의 건축은 진입로를 따라서 경험하게 되는 연속적인 투시도 장면들에 의해서 인식되는 건축이다. 그리고 이 같은 진입로는 수평적 혹은 수직적으로 꺾이고, 비틀어져 있다. 이렇게 함으로써 진입로 위의 사람은 다양한 각도에서의 투시도들을 수집할 수 있게 된다. 이렇듯 여러 지점에서 다른 데이터를 수집해서 3차원 공간을 측량한다는 점은 토목 기사가 땅의 모양을 측정할 때 사용하는 '삼각법'과 같은 원리다. 토목 기사들은 땅의 고저차를 측정할 때 수평자를 이용하여 눈금을 읽어 그 차이를 아는데, 안

7장. 공간의 이종 교배 2세대

도의 경우에는 계단의 수나 간간이 있는 단의 차이를 이용해서 본인이 수직적으로 움직이고 있는 정도를 사용자가 몸으로 인지하게 한다. 안도의 건축물 두 개를 실례로 하여 이러한 기법을 살펴보자.

안도 다다오의 '지추미술관(지중미술관)'(나오시마섬, 2004). 안도의 건축에서는 삼각형, 직사각형, 원 같은 기하학적 디자인이 보인다.

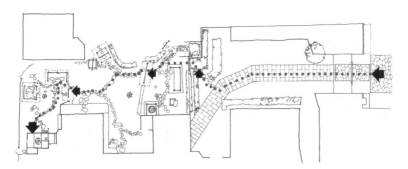

일본 전통 건축물 '다도의 집' 구조. 주 공간에 진입하기 전에 여러 차례 꺾인 진입로 동선을 가지고 있다.

물의 교회: 시간으로 공간을 만드는 법

지형을 측량하는 측량 기사는 한 지점에서 필요한 데이터를 수집한 후 다른 지점으로 이동한 다음, 그곳에서 측정한 데이터를 수집한다. 이와 같이 관찰자의 위치를 변화시키면서 얻은 데이터와 자신이 얼마나 멀리 어떠한 각도로 이동했는가에 따른 데이터를 종합하여 이차원 도면 위에 작도하여 삼차원 지형을 알아내는 것이 삼각법이다. 이와 비슷한 방식으로 '물의 교회Church on the Water'(1985~1988)에서는 관찰자가 교회의 후면부에서 출발해 교회 건물로 접근하면서 건물과 주변 공간을 인식하게끔 설계되어 있다. 이 교회는 크게 네모난 콘크리트 상자로 된 본당 건물과 130미터 정도 길이의 'L'자형 낮은 담장으로 만들어져 있다. 이 교회에 진입할 때는 본당의 후면부 담장 너머에서부터 진입하게 된다. 방문객은 먼저 콘크리트 담장과 그 너머로 보이는 네 개의 콘크리트 십자가와 철재 프레임으로 만들어진 정육면체 모양의 유리 상자를 바라보게 된다. 접근로를 따라 걷다 보면 방문객은 어느새 콘크리트 벽 앞에 서게 되고, 그의 눈에는 자연은 없고 오로지 콘크리트 벽만 보인다. 하지만 그것도 잠시, 왼쪽으로 꺾이는 접근로를 따라 돌면 그의 시선 왼쪽에는 자연 경관이, 그리고 반대편 오른쪽에는 콘크리트 벽이 보이는 장면이 연출된다. 이 같은 '자연과 콘크리트'로 구성된 장면은 콘크리트 담장이 끝나는 지점까지 길게 이어진다. 그렇게 긴 길을 걸으면서 관찰자는 주변 자연 경관의 맥락과 건물 위치의 상관관계를 인지하게 된다. 담장 끝에 있는 문을 통과하면서 비로소 이 건물의 내부에 위치한 외부 공간에 들어가게 되는데, 그곳에서 방문객은 가로 45미터, 세로 90미터 크기의 인공 연못과 그

'물의 교회' 동선 분석도

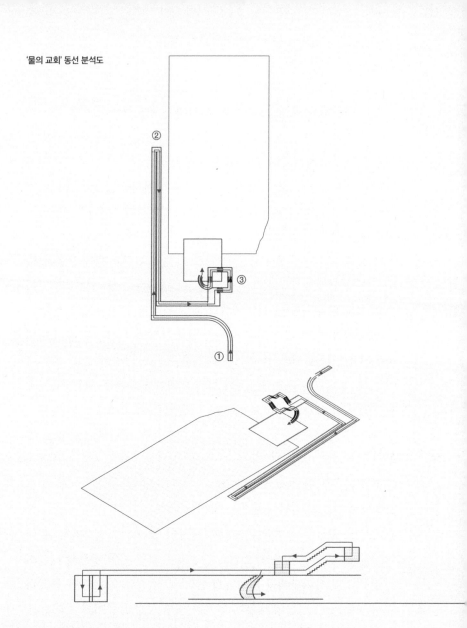

동선의 변화가 평면상의 상하좌우뿐 아니라, 높이의 상하 변화도 많은 3차원 미로 같은 동선 구조다.

안에 떠 있는 듯 놓인 십자가와 콘크리트 상자 모양의 교회를 보게 된다. 관찰자는 왼쪽부터 오른쪽으로 물, 십자가, 교회당을 순서대로 보게 되는데, 비교적 한발 떨어진 객관적인 관찰자의 시각에서 세 가지 요소의 관계를 살펴보게 된다. 불과 몇 분 전에 걸어왔던 콘크리트 담장의 반대편에서 좀 전에 걸었던 반대 방향으로 걸어가면서, 방문객은 이 공간 퍼즐의 두 번째 조각을 확인하게 된다. 연못과 콘크리트 담장 사이의 긴 길을 걸은 후, 방문객은 왼쪽으로 90도 꺾고 나서, 10분 전쯤 처음 이 건물로 걸어 들어오면서 보았던 유리로 만들어진 상자를 쳐다보게 된다. 그는 다시 한 번 왼쪽으로 회전한 후 좁은 계단실로 들어가게 된다. 이 계단실 안에서 방문객은 콘크리트 벽체들에 둘러싸여서 주변 경관과 완전히 분리되는 경험을 하게 된다. 이는 다음 번 극적인 장면의 순간으로 들어가기 전 '시각적 정적'의 순간이다. 이 순간 오직 콘크리트로 프레임 된 공간과 그 자신만이 있을 뿐이다. 이 경험을 한 직후 방문객은 반시계 방향의 계단을 올라서 이 건물의 가장 높은 부분인 유리 상자의 정점에 올라가게 된다.

이 유리 상자 안의 계단실을 따라 걷다 보면 관찰자는 360도 회전하게 되는데, 그렇게 되면서 이전에 걸어왔던 모든 시퀀스를 전지적인 관점에서 돌아보는 시간을 갖게 된다. 이 기하학적인 유리 상자는 마치 나침반처럼, 자신의 주변에 펼쳐진 자연 경관과 건물을 이해할 수 있는 삼차원 격자 형태를 제공한다. 방문객은 이 경험을 통해서 자신의 머릿속에서 지금까지 보아 온 투시도 이미지들을 재조립하는 시간을 가질 수 있다. 방문객은 다시 한 번 긴 콘크리트 담장, 연못, 철 십자가와 주변 경관을 살펴보게 된다. 이것이 세 번째 관측 지점이다. 첫 번째는 진입로 위의 첫 출발점, 두 번째는 콘크리트 담장을 통과한

물의 교회

물의 교회

'물의 교회' 내부

7장. 공간의 이종 교배 2세대

다음 순간이다. 방문객은 콘크리트 담장의 바깥쪽을 따라 걸었으며, 이후에는 180도 회전하여 같은 담장의 안쪽을 따라 걸었기 때문에 자신이 걷기 시작한 지점부터의 거리와 상대적인 방향을 알고 있다. 거리는 같으나 방향은 반대였다. 복잡하게 만들어진 이러한 시퀀스들은 방문객으로 하여금 절대적인 방향 감각을 잃게 함으로써 대지를 좀 더 다양하게 인지할 수 있도록 한 장치다. 방문객은 건물의 가장 높은 지점에서 과거의 경험들을 통해서 얻은 투시도 장면들을 가지고 이 건물의 전체를 머릿속에서 구성해 완성할 수 있게 되었다. 방문객은 건물의 제일 높은 부분에서 파노라마로 펼쳐지는 주변 경관과 건물을 바라본 후 계단을 통해서 내려간다. 이 부분은 곧 맞이하게 될 클라이맥스 순간이 오기 전에 다시금 암흑의 '시각적 정적'의 순간을 경험하게끔 설계되어 있다. 이는 중요한 클라이맥스 순간을 더 강조하기 위한 하나의 방식이다. 비슷한 기법이 작곡가 헨델의 성가극[5] 「메시아」 중 「아멘」 마지막 부분에서 보이는데, 클라이맥스 부분에 1초 정도의 정적을 넣음으로써 직후의 클라이맥스를 극대화했다. 안도는 건물의 초입부에서 긴 콘크리트 담장의 양쪽 방향으로 사람을 걷게 하였듯이 계단실에서도 양방향으로 회전하게 디자인했다. 다시 말해서 오르막 계단은 반시계방향으로 두 번 올라가고, 반시계방향으로 두 번 내려간 다음에, 마지막 곡선형 내리막 계단은 시계방향으로 돌게끔 되어 있다. 이렇듯 복잡하게 방향을 틀어서 방문객이 방향성을 한 번 더 잃게 만들었다. 내리막 계단을 지난 후 비로소 예배당 안에 들어가게 된다. 예배당 안에서 바깥을 바라보면 자연은 배경이 되고, 십자가는 보는 이의 시야 정 가운데에 위치하게 된다. 십자가와 관찰자 사이에는 아무런 장애물이 없다. 이는 담장을 통과한 후 보았던 일렬로 나열된 물, 십자가, 예배당의 제3자적인 관조적 관계와는 사뭇 다른 관계성이다. 물 위에 반사된 십자가의 이미지 때문에 십자가는 실제보다 더 가깝게 느껴진다. 네모난 상자 모양의 콘크리트 교회 건물은 외부 자연과 십자가를 프레임 하는 액자의 역할만 한다. 지난 긴 여정을 통해서 자연, 십자가, 건축의 관계는 계속해서 변화해 왔다. 그러다가 마지막 순간에 도착하면 비로소 자연, 십자가, 건축이 하나의 축에 오버랩 되면서 예배당의 목적에 맞는 관계성이 정립된다.

'물의 교회'에는 자연과 건축의 각기 다른 관계를 보여 주는 순간들이 있다. 이 같은 순간들은 벽을 따라 걷는다든지, 계단을 오르내리는 식의 건축적인 경험과 연결되어 있다. 벽을 따라 걷는 것은 서로 다른 위치에서 주요 장면의 데이터를 실측하기 위한 수평 이동이다. 계단을 오르거나 내려가는 것은 실측을 위한 수직 이동이다. 이 같은 변화들은 계단의 개수나 발자국 숫자 같은 식으로 관찰자의 몸을 통해서 인지하게 되어 있다. 이는 변화의 정도를 측정하는 방식에만 차이가 있을 뿐, 기본 원리는 측량 기법과 흡사하다. 측량 기사들은 수직적, 수평적인 변화의 데이터를 수집하고 지도상에서 모든 데이터를 취합한다. '물의 교회'에서는 측량 기사들이 종이 위에 작도하는 작업들이 방문객의 머릿속에서 이루어지게 된다.

안도는 "건축은 사람으로 하여금 자연의 존재감을 느끼게끔 해 주는 중간 장치다. 중정을 바라보면 그 안에서 자연은 매일 매일 다른 면모를 보여 준다. 중정은 집 안에서 펼쳐지는 생명의 핵이며 빛, 바람, 비와 같은 자연의 현상을 전달해 주는 도구이기도 하다."라고 말했다. 이와 같은 안도의 건축 철학은 '물의 교회'에 잘 나타나고 있다. '물의 교회'는 단순한 건물이 아니라, 방문객으로 하여금 마치 영화를 찍는 카메라처럼 계속해서 멋진 장면을 캡처하게 하는 도구다. 그리고 그 장면들 속에 있는 요소들은 시시각각 변화하는 관계를 보여 준다. 그리고 그 일련의 경험을 통해서 방문객에게 깨달음을 주게 하는 것이 안도가 추구하는 건축이다.

이 모든 동선을 만드는 데 가장 결정적인 역할을 하는 것은 본당을 감싸고 있는 130미터 'L'자형 길이의 담장이다. 그런데 놀라운 것은 이 담장은 필연적으로 만들어진 것을 변형시켰다는 점이다. 이 담장은 옹벽에서 시작한다. '물의 교회'의 본당이 자리 잡은 곳은 약간 경사진 대지를 높은 곳에서 접근하게 되어 있는데, 땅이 경사져 있기 때문에 본당 앞의 넓은 수水 공간도 약간의 단이 지게 만들어져 있다. 본당을 물과 같은 높이로 낮게 앉히다 보니 어쩔 수 없이 본당 뒤쪽으로 옹벽을 만들어 흙을 막고 있어야 한다. 보통 여기까지가 일반적인 건축가들이 생각할 수 있는 해결책이다. 그런데 안도는 어쩔 수 없이 생겨난 옹벽을 더 높게 세워서 담장을 만들었다. 뒤에서 접근하는 사람의 눈에는 낮은 담장이지만 본당 쪽에서 보면 옹벽까지 포함해서 조금은 높은 담장이 된다. 이 담장을 90도로 꺾어서 경사로를 따라서 더 길게 추가로 만들었다. 이렇게 함으로써 주변 경관을 감상하면서 다양한 장면을 가진 건축물로 재구성한 것이다.

이런 복잡한 진입로는 일본 전통 건축의 공간 구조적 특징이다. 일본 전통 건축은 그 안에서 경험하는 사람에게 기대감을 극대화하고 긴

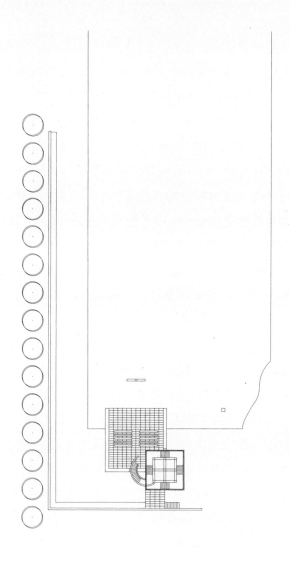

안도 다다오의 '물의 교회' 배치도

장감을 주기 위해 진입로를 특별하게 디자인해 왔다. 예를 들어서, 다도를 하는 방은 집에서 가장 구석에 위치하며, 그곳에 가기 위해서 보통은 '로지Roji'라고 불리는 정원을 통해서 가게 되어 있다. 이 정원을 통과하면서 방문객은 몇 개의 문을 거쳐야만 했다. 일본이 이런 디자인을 하는 이유는 귄터 니츠케Gunter Nitschke의 '시간이 돈이고, 공간이 돈Time is Money - Space is Money'이라는 글에서 잘 설명되어 있다. 이미 전작에서 자주 설명했지만 시간과 공간의 관계를 이처럼 단순하고 명료하게 설명한 것은 없기에 다시 한 번 이야기하겠다. 그의 주장에 의하면 미국과 같이 공간이 넘쳐 나는 지역에서는 시간이 더 중요하기 때문에 시간 거리를 줄이는 방향으로 건축이 발전해 왔다고 한다. 고속도로가 대표적인 예다. 멀리 떨어진 도시로 이동하는 시간을 줄이기 위해서 발전한 건축 시스템이다. 이와는 반대로 일본 같은 섬나라에서는 공간이 부족하고 시간은 오히려 남는다. 이런 경우에는 공간을 극대화하기 위해서 시간을 지연시키는 쪽으로 건축이 발전해 왔다는 것이 그의 주장이다. 같은 면적의 공간이라도 이동 시간을 늘리고 다양한 경험을 하게 하면 많은 기억이 남게 되고, 따라서 공간이 더 넓게 느껴진다는 것이다. 일본 전통 정원의 경우, 좁은 공간을 넓게 인식되게 하려고 분절되고, 회전하고, 돌아가는 식의 장치를 만들어서 시간을 지연시켰고 그렇게 함으로써 같은 공간이라도 실제보다 더 넓게 인식되도록 했다는 것이다.

　　이 이야기는 '물의 교회'에서 그대로 적용된다. '물의 교회'는 복잡한 진입 시퀀스를 통해서 단순한 상자형 본당이지만 마지막에 그 장면이 주는 느낌은 그냥 본당 문을 열고 들어가서 보는 것과는 사뭇 다르다. 우리가 영화를 볼 때 첫 장면 보고 엔딩을 본다고 해서 영화를 다 봤다고 할 수 없는 것과 마찬가지다. 영화는 마지막 장면의 감동을 위해서 보통 두 시간 정도의 다채로운 이야기를 풀어놓는다. 건축도 마찬가지다. 주요 장면 이전에 이야기의 전개가 중요한데, 그것을 가장 잘하는 공간 이야기꾼이 안도 다다오다. 그의 이런 재능은 다음 작품인 '바람의 교회'에서도 유감없이 발휘된다.

'바람의 교회Chapel on Mt. Rokko'(1985~1986)는 건축물의 구성이 직사각형 본
당 건물과 우윳빛 유리로 만들어진 긴 통로 그리고 'ㄱ'자 형의 담장으로
구성되어 있다. '바람의 교회'에 가기 위해서 방문객은 북측에서 대각선 모
양으로 틀어진 축을 따라서 진입하게 된다. '물의 교회'에서 콘크리트 벽이
그러했던 것처럼 진입로에서 바라보면 오른쪽 부분이 호텔 건물에 의해
서 가려지고 자연 경관은 좌측으로 열려 있다. 방문객은 서서히 유리로 만
들어진 긴 복도와 콘크리트로 만들어진 예배당으로 구성된 '바람의 교회'
를 내려다보게 된다. 밑으로 내려가는 계단에 다다르면 방문객의 눈앞에
는 유리로 만들어진 복도가 눈앞에 가득 찬다. 하지만 일단 계단에 발을
디디면 몸은 왼쪽으로 90도 회전하여 눈앞 가득히 자연 경관이 들어오게
된다. 세 계단을 내려가면 이내 180도 회전하게 되고 이번에는 반대쪽에
있는 자연을 바라보게 된다. 이로써 360도 주변 경관을 다 감상하게 된다.
지금까지 방문객은 세 개의 각기 다른 높이와 각도에서 주변 경관을 감상
했다. 이 같은 시퀀스는 본론에 들어가기 전의 전주곡에 불과하다. 이런
접근로의 시퀀스는 17세기에 교토에 지어진 일왕의 별궁 '가쓰라리큐'와
흡사하다. 에도 시대에 건축한 이 별장은 정원을 거쳐서 접근하게 되어 있
으며, 진입로는 분절되어지고 축이 틀어진 평면 형태를 띠고 있다. 진입로
위의 방문객은 매 순간 특별하게 고안된 방식으로 주변 경관을 감상하게
되어 있다. 이 같은 장치는 전이 공간을 지나면서 방문객으로 하여금 방향
감각을 잃어버리게 하여 심리적으로 공간을 더 넓게 인식하게 하려는 의도
가 있다. 동시에, 주 공간에 들어가기 전에 다양한 장면들을 연출해서 보여
주기 위한 장치이기도 하다.

'바람의 교회' 동선 분석도

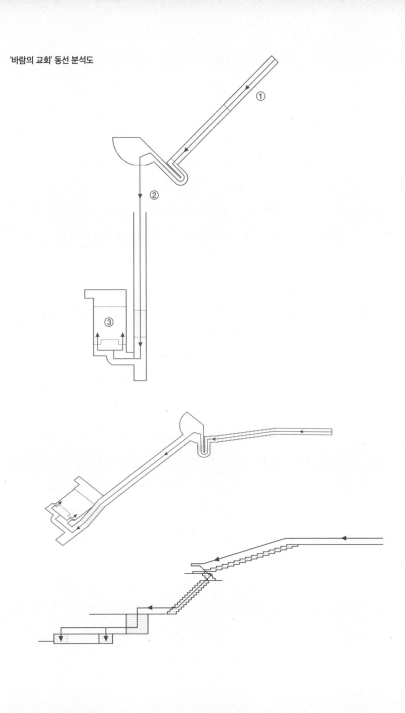

두 번의 방향 전환과 세 번의 높이 변화를 경험하면서 내려오면 원의 3분의 1만한 모양의 큰 계단참에 도달한다. 여기에서 '바람의 교회'에 진입하기 위해서 방문객은 다시 135도 회전해야 한다. 이것이 주 진입 이전 세 번째 회전 지점이다. 135도 회전하면서 방문객은 파노라마로 주변의 자연을 한 번 감상하게 되고 그런 다음에 유리로 만들어진 복도 공간에 진입하게 된다. 진입한 후, 방문객은 걷는 방향의 소실점이 되는 위치에 액자처럼 보이는 자연 경관을 바라보게 된다. 이 공간은 마치 요제프 알베르스Josef Albers의 「사각형에 대한 경의Homage to the Square」와 흡사하기도 하고, 일본 전통 신사의 진입부에 있는 연속된 수십 개의 'ㄇ'자형 문(도리이)처럼 느껴지기도 한다. 진입로의 유리 복도는 우윳빛으로 처리된 반투명 유리로 만들어서 투과되는 빛을 은은하게 만든다. 바깥 경치가 보이지는 않지만 주변 나무의 그림자가 유리창에 맺힌다. 마치 동양 전통 건축의 창호지로 만든 창문 같은 느낌이다. 이 복도 공간에 진입하기 전에는 방문객의 눈에 자연은 배경이 되고, 건축물은 시선의 중심에 위치하는 구성을 가지고 있었다. 그러나 복도에 들어서자마자 그 관계는 역전되어서, 건축물인 복도는 액자가 되고 자연이 시선의 중심에 위치하게 된다. 복도를 따라서 걸어 들어가다 보면, 액자 안의 그림처럼 보이는 자연은 점차 커지고, 내 눈 앞에 액자처럼 겹쳐져 있던 유리창틀들은 하나하나씩 시야에서 사라져 간다. 이것이 안도가 자연을 한 켜씩 발견해 나가는 방식이다. 마지막 액자를 통과하기 직전에 방문객은 오른쪽으로 방향을 틀어서 노출 콘크리트로 만들어진 좁고 어두운 공간으로 들어가게 된다. 이 공간은 '물의 교회'의 계단실과 마찬가지로 두 개의 중요한 장면 사이에 필터링 역할을 하는 공간이다. 이 좁은 콘크리트 공간은 짧고 좁은 공간

요제프 알베르스Josef Albers의 「사각형에 대한 경의Homage to the Square」(1958)

일본 신사 진입로의 도리이

7장. 공간의 이종 교배 2세대

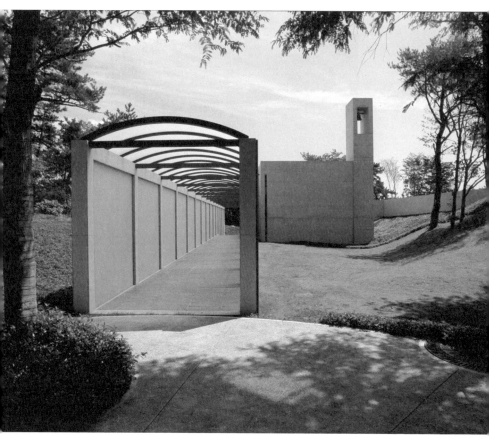

'바람의 교회'

임에도 불구하고 우측으로 90도 회전하게 되어 있다. 따라서 방문객은 좌우측 벽에 의해서 압박을 받으면서 정면에 콘크리트 벽만 보이는 공간을 걷게 된다. 이 순간을 넘기면 갑자기 좌측으로 정원이 보이는 직사각형의 널찍한 예배당 공간에 이르게 된다. 예배당 안에서 창문 밖으로 인공적으로 다듬어진 정원이 보이며, 창틀은 십자가 모양으로 되어 있다. 근경으로 잔디와 몇 그루의 나무가 보이게 되어 있으며, 중경은 낮은 담장으로 가려져 있고, 담장 너머 나무가 몇 그루 보이게끔 디자인되어 있다. 처음 진입로부터 마지막 예배당까지 자연과 건축물 간의 관계는 계속해서 변화해 왔다. 처음에는 자연이 건축물을 감싸서 포함하는 관계, 두 번째인 복도 공간에서는 건축물이 자연을 포함하는 관계, 세 번째로 예배당 안에서 바라보는 장면에서는 예배당과 정원과 낮은 담장이 차례로 층을 두고서 서로 교합한 형태를 띠고 있다. 선형으로 된 동선을 따라 걸으면 그 안에서 건축물과 자연의 관계는 계속해서 변화한다. 건축물은 이렇듯 자연과 건축 간의 관계를 계속해서 전환시켜 주는 장치다.

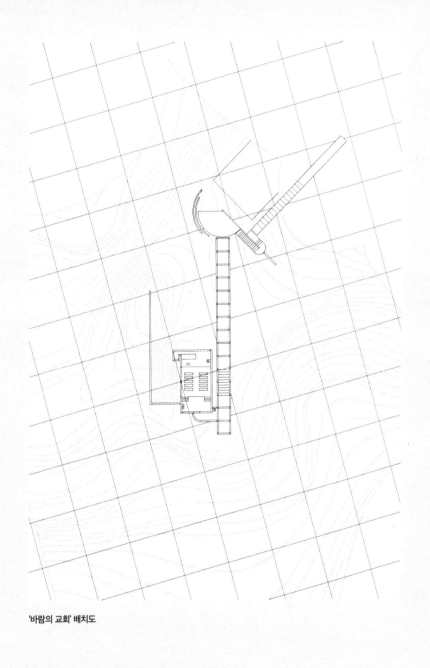

'바람의 교회' 배치도

'바람의 교회'의 투시 시퀀스

앞서서 일본의 전통 정원의 경우 좁은 공간을 넓게 인식시키기 위해서 분절하고, 회전하고, 돌아가게 하는 식의 장치를 만들어서 공간의 규모를 한눈에 보지 못하게 하고, 시간을 지연시켰다고 설명했다. 일본 전통 건축은 이렇듯 진입로를 복잡하게 만들어 왔는데, 일본의 전통 정원 디자인에서 자연과 건축물 간의 관계성 변화는 주로 수평적인 이동에 의해서 창출된다. 진입로는 분절되어 있고, 비틀어져 있다. 반면 계단 같은 수직적인 이동은 변화하는 지형에 맞추기 위해서만 사용되어 왔다. 이런 전통 건축과 달리, 안도의 건축에서는 수직적인 이동을 더 적극적으로 도입했다. 안도의 디자인은 일본 전통 건축의 2차원적인 '시간 죽이기' 기법에 3차원적인 수직적 변화를 첨가한 것이라 볼 수 있다. '물의 교회'에서 보면, 안도는 오르락내리락하는 계단을 단순히 지형에 순응하기 위해서가 아닌, 시간을 지연하고 파노라마 장면을 유도하기 위한 방편으로 사용했음을 알 수 있다. 그렇게 함으로써 다른 높이에서 다양한 장면을 연출할 수 있었다.

토목기사들은 다양한 위치와 높이에서 측량하여 객관적 데이터를 수집하고, 이렇게 축적된 데이터들을 이용해서 좀 더 정확한 지형도를 그려 낸다. 안도는 방문객의 눈을 측량기로 생각하고 있는 듯하다. 그에게 있어서 방문객의 이동 경로는 측량 기사가 땅을 측량하기 위해 다니는 동선과 같다. 안도 건축에서 계단은 단순한 수직 이동 기능 그 이상이다. 계단은 수직 이동 외에 수평 이동도 유도한다. 일반적으로 계단의 디디는 면 깊이는 28센티미터고 한 단의 높이는 17센티미터 정도

이며, 이 모듈러는 반복된다. 따라서 계단을 이용하는 사람들은 수평·수직적인 이동을 몸으로 감지하게 되고, 계단 진입 전과 후에 다르게 보이는 장면을 통해서 좀 더 객관적인 공간감을 구축할 수 있게 된다. 안도의 건축에서 계단의 개수는 토목 측량 기사가 사용하는 자의 눈금이라고 보면 된다. 안도 다다오의 건축은 오브제를 만드는 데 초점을 맞추지 않는다. 그의 건축은 자연과 건축의 입체적 구성을 만드는 데 초점을 둔다. 그러기 위해서 안도는 그의 건축물의 내외부에 복잡한 경로를 만들어 놓는다. 이 복잡한 경로를 따라 걸으면서 방문객들은 자연과 건축의 다양한 관계를 보여 주는 다양한 장면을 감상하게 된다. 본인들의 신체를 사용하여 이동하며 얻은 장면을 수집하면서 방문객들은 머릿속에 전체적 공간을 구축하게 된다. 안도의 건축에서 방문객의 신체는 측량 기구고, 건축물은 신체라는 측량 기구를 이동시키는 장치로서 역할을 하게 된다.

'신체를 측량 도구처럼 여기고 여기저기 다른 곳을 관찰하게 하고 경험자의 머릿속에서 전체를 구성하게 하는 방식'. 어디서 본 듯하지 않은가? 바로 영국 픽처레스크 조경 디자인의 대표 주자 험프리 랩턴의 디자인 방식과 동일하다. 동양의 1인칭 중심의 정원 디자인 방식은 도자기와 함께 유럽으로 건너가서 유럽의 조경 디자인을 바꾸고 수백 년이 지나서 다시 동양의 건축으로 돌아온 것처럼 느껴진다. 픽처레스크 조경 디자인과 안도의 건축이 비슷한 것은 동일하게 '1인칭 시점의 다양한 관계 변화의 경험'을 중요하게 여기는 동양의 문화 유전자를 공유하고 있기 때문이다. 앞서 언급한 다른 종의 나비임에도 불구하고 유전자가 섞여서 똑같은 색깔과 패턴의 날개를 가지고 있는 '뮐러 의태'처럼,

영국의 픽처레스크 조경 디자인과 안도의 건축 디자인은 같은 전통 동양 문화 유전자를 공유하기 때문에 본질적으로 비슷한 성격을 가지고 있다. 픽처레스크와 안도는 건축 분야의 뮐러 의태다.

종이 다른 나비들이지만 날개의 문양이 상당히 유사하다

7장. 공간의 이종 교배 2세대

안도의 건축에서 '건축물과 인간과 자연의 관계'를 중요시하는 가치는 동양의 문화적 배경에서 나온 것이다. 마치 바둑에서 바둑돌을 놓음으로써 영역이 확장되듯이 그의 건축은 담장이나 계단 같은 요소를 통해서 자연으로 뻗어 나가고 조우한다. 하지만 동양 전통 건축의 내외부를 흐르는 듯한 유동적 공간과 달리, 안도의 건축 공간은 벽에 의해서 명확히 구분된 성격을 가지고 있다. 예를 들어서 '바람의 교회'는 가늘고 긴 유리 상자 모양의 복도와 콘크리트 상자 모양의 예배당이라는 두 개의 상자로 구성된다. 안도의 건축은 기둥에 의한 건축이 아니라 벽에 의한 건축이다. 안도의 건축물에는 처마 공간이 거의 없다. 처마 공간은 기둥으로 만들어진 동양 전통 건축의 중간적 공간으로, 내외부를 완충시켜 주는 중요한 공간이다. 그런데 콘크리트 벽체로 세워진 안도의 건물에는 처마가 없다. 안도의 건축에는 경사 지붕도 없다. 비가 적게 내리는 서양의 전통 건축물처럼 지붕이 건물에서 적게 보이는 디자인이다. 반면 낮은 담에 의해서 구획된 예배당 앞 정원을 보면 명확히 동양적인 성격의 공간이다. 안도의 건축 공간은 건물 하나하나는 매우 서양적인 성격의 공간 형태를 가지고 있지만, 배치도를 살펴보면 동양적으로 비대칭적이면서도 도가적인 정적인 빈 공간을 내포하고 있다. 그의 건축은 20세기의 대표적인 재료인 콘크리트를 사용하는데, 큰 창문과 복잡한 진입 동선으로 적극적이면서도 자유롭게 자연과 교류한다는 면에서는 동양적인 성격을, 벽 구조를 가지면서 기하학적으로 구획된 평면과 단면을 가지고 있다는 면에서는 서양적인 특징을 가지고 있다. 안도 다다오는 동서양 문화 유전자의 교배를 통해서 새로운 생각을 만들 수 있었다.

8장. 학문 간 이종 교배의 시대

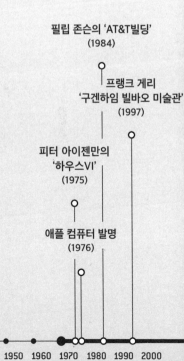

필립 존슨의 'AT&T빌딩'
(1984)

프랭크 게리
'구겐하임 빌바오 미술관'
(1997)

피터 아이젠만의
'하우스VI'
(1975)

애플 컴퓨터 발명
(1976)

BC 300   15C   1900   1950 1960 1970 1980 1990 2000

문명 발생의 첫 단추는 지리와 기후적 제약으로부터 시작되었다. 빙하기가 끝나고 기후가 건조해지자 물이 부족해진 인류는 강가에 모여 살게 되었고, 농업으로 식량 부족의 위기를 해결했다. 농업은 인간이 컨트롤 하는 생태계다. 농업이라는 생태계 조절 기술을 통해서 인류는 전 지구적으로 영역을 확장해 나갈 수 있게 되었다. 인구가 늘어났고 인류는 여러 다른 기후대에서 적응하며 다양한 문화를 만들어 갔다. 8천 킬로미터 이상 떨어진 로마와 시안은 서로 다른 형식의 문화를 천 년 넘게 발전시켜 왔다. 인간의 교통수단이 발전하면서 두 개의 다른 세상은 상업적 교류를 했고 그 과정에서 문화 유전자의 교배가 시작됐다. 낙타에서 범선으로 주요 교통수단이 바뀌면서 물량이 급증했고, 서로 다른 문화 유전자의 이종 교배가 급격하게 늘어났다. 이후 산업혁명을 통해 더욱 빠른 교통수단을 가지게 되었고 상업의 힘이 더 커지면서 소비자라는 계층이 탄생했다. 과거 일부 부유한 귀족들에 국한된 동서양 문화 교류에서 이제는 일반 시민들까지도 다른 지역의 문화를 접할 수 있게 되었다. 그리고 본격적으로 식민지 시대가 열리면서 세상 구석구석까지 교류가 가능해졌다. 식민지와 산업의 결합은 대륙 간을 연결해서 전 세계의 경제를 하나로 묶는 계기가 되었고, 더불어 문화 유전자의 이종 교배는 가속화되었다. 20세기에는 비행기, 자동차, 동력 선박, 전화 등 새로운 문명의 도움으로 다른 지역과의 교류가 역사상 그 어느 때보다도 활발하게 진행됐다. 전 지구적으로 무역에서 소외된 지역은 없었다. 20세기 중반까지 지리적으로는 이미 세계는 하나가 되어 가고 있었고, 문화적으로는 이종 교배되지 않은 지역이 남아 있지 않았다. 그렇게 됨으로써 '지역 간 이종 문화 교배'라는 문화 혁신의 동력이 소진되었고, 건축은 20세기 중반부터 국제주의 양식에 머무른 상태에서 발전의 정체기를 맞이하게 되었다. 이 시기에 루이스 칸 같은 건축가는 새로운 문화 유전자를 오히려 과거에서 찾는 방식을 택했다. 그는 유럽의 전통 건축, 유대교의 전통 사상, 동양의 전통 도가 사상 등의 조합을 통해서 새로운 생각을 만들었다. 이렇듯 과거에서 영감을 찾는 현상은 1980년대 포스트모더니즘 시대를 열기도 했다.

포스트모더니즘이란 '…후, 다음'을 뜻하는 post와 모더니즘을 합성한 단어로, 직역하면 '모더니즘 이후'라고 할 수 있는데, 흔히 '후기 모더니즘'이라고 한다. 각 분야에서 포스트모더니즘은 각기 다르게 해석된다. 예를 들어서 영화나 소설에서는 기존의 이야기 틀을 깨는 것을 말한다. 전통적인 이야기는 항상 과거-현재-미래로 이어지는 시간의 흐름을 따라서 전개되는데, 포스트모더니즘 이야기는 그 순서를 깨뜨린다. 예를 들어서 영화 <터미네이터>에서는 주인공이 타임머신을 타고 미래에서 와 현재를 바꾸기도 하고, <백 투 더 퓨처> 같은 영화에서는 과거로 가서 현재를 바꾸기도 하는 등의 이야기 전개를 말한다. 또 다른 특징은 관객과 배우 간의 무언의 계약을 깨뜨리는 것이다. 영화나 연극은 허구임을 관객이 알면서도 속아 주는 계약이 성립되어 있다. 그래서 배우들은 카메라 앞에서 가짜지만 진짜인 것처럼 연기를 하고, 관객은 가짜 연기를 진짜인 것처럼 받아들이며 이야기에 몰입한다. 그런데 포스트모더니즘 영화에서는 갑작스럽게 카메라가 뒤로 빠지면서 배우와 촬영 스태프를 함께 보여 주며 '당신이 보는 것은 허구입니다'라는 식으로 관객의 환상을 일부러 깨뜨리기도 한다. 우리나라에서는 1992년도에 나온 TV 미니 시리즈 드라마 <질투>에서 마지막 장면에 카메라를 뒤로 빼서 남녀 주인공 주변을 빙빙 도는 카메라맨을 보여 주는 충격적인 장면이 있기도 했다. 그런데 다른 장르와는 다르게 건축에서의 포스트모더니즘은 현대식 건축물을 만들 때 고전 건축물을 흉내 내서 디자인하는 현상을 말한다. 예를 들어서 뉴욕의 37층짜리 고층 건물을 디자인할 때 '파르테논 신전'의 입면을 흉내 내서 디자인하는 것 같은 현상을 말한다. 철골 구조로 짓는 현대식 고층 오피스 건물은 돌을 조각하고 쌓아서 만들어야 했던 '파르테논 신전'과는 구축 방법이 다르기 때문에 디자인이 같을 수 없고, 같을 필요도 없다. 건축에서는 수천 년 동안 건물의 외관 디자인은 구조적인 이유에서 필연적으로 그 특징이 나오게 마련이었다. 그런데 뉴욕의 'AT&T 빌딩'은 입면에 세로로 긴 창문이 있는 것을 볼 수 있다. 코르뷔지에가 말했듯이 기둥 구조를 가진 근대 건축물에서는 창문이 세로로 길 필요가 없다. 그런데 이 고층 건물의 창문은 마치 '파르테논 신전' 기둥에 있는 세로로 긴 줄무늬처럼 긴 창문으로 입면 디자인을 만들고 있다. 빌딩의 옥상은 파르테논 신전의 지붕처럼 박공지붕 형태를 가지고 있다. 고층 오피스 건물을 지을 때 고대 그리스 신전을 가져와야 할 정도로 건축 디자인계는 영감에 목말라 있었던 것이다. 이들은 더 이상 구할 색다른 재료가 없었다. 아마도 최초의 포스트모던 건축을 했던 사람은 루이스 칸처럼 과거의 문화 유전자를 빌려서 쓰려고 한 데서 시작했을 것이다. 그런데 칸은 전통을 새롭게 재해석했고 기술과 융합시켰다. 하지만 건축의 포스트모더니스트들은 기술과 전통을 융합했다기보다는 기술로 지은 건물 표면에 전통이라는 가면을 씌웠을 뿐이었다. 이런 1차원적인 방식으로는 영감을 주는 새로운 생각을 만들 수 없다.

필립 존슨의 'AT&T 빌딩'(뉴욕, 1984)

파르테논 신전

8장. 학문 간 이종 교배의 시대

1970년대부터 건축은 다른 분야와 이종 교배를 시작하면서 혁신의 돌파구를 찾기 시작했다. '다른 학문 분야'라는 새로운 개척지를 찾은 것이다. 첫 번째 시도는 '해체주의'다. 해체주의 건축가들은 철학이라는 장르를 건축 설계 프로세스에 적극 도입했다. 산업혁명 이후 학문은 지금 우리의 중고등학교 교과서가 나누어진 것과 같은 분야로 나누어지게 되었다. 이는 대학 전공 학과라는 카테고리로 나누어지게 되었고, 이렇게 나누어진 학문의 각 분야가 깊게 발전할수록 학과들 사이에는 점점 더 높은 벽이 생겼다. 열 명의 사람이 삽을 들고 각기 다른 곳에서 땅을 파기 시작하면 자연스럽게 각자 자신만의 방에 갇히게 되는 것과 마찬가지다. 2미터 깊이까지 파면 서로의 얼굴이 안 보이게 되고, 5미터쯤 파고 들어가면 서로의 목소리도 들을 수 없게 된다. 20세기 후반은 그렇게 전공 내 지식의 깊이는 깊어졌지만 전공 간에는 벽이 더 높게 만들어졌던 시대였다. 그림과 조각을 하는 미술가가 법률에 대한 책도 쓰고, 해부학도 하고 비행기도 설계하는 다빈치 같은 르네상스맨은 더 이상 나오기 힘든 세상이 된 것이다.

　이제 발견해야 할 신대륙은 대서양 건너에 있는 것이 아니라, 대학 캠퍼스 내 다른 단과대학 건물이었다. 다른 학문 간의 소통을 가로막는 벽에 구멍을 뚫어서 문을 만들어야겠다는 생각을 가장 먼저 해낸 분야는 건축이었다. 전통적으로 새로움이 가장 늦게 적용되는 분야가 건축인데 타 분야와의 융합을 가장 먼저 시작하게 된 이유는 뭘까. 아마도 건축이 가장 많은 돈이 들어가는 일이고 너무 많은 사람이 연관된 일이기 때문일 것이다. 재료에 관해서는 재료 공학과와 연관

되어 있고, 공사비는 금융업계와 연관되어 있고, 전자공학과에서 만든 스마트폰의 발달은 도시 공간 구조의 변화와 밀접한 관련이 있다. 현대 사회에서 건축만큼 다양한 전공 분야에 걸쳐서 연관된 곳도 없는 듯하다. 과거의 약점이 오늘날에는 장점이 되었다. 현시대에 르네상스맨과 가장 비슷한 직업은 건축가일 것이다. 이렇게 건축가들은 철학을 건축 디자인에 적용하는 새로운 접목을 시도하여 새로운 형태를 만들었다. 내가 대학을 다니던 1980년대 말에는 프랑스 해체주의 철학자 데리다를, 1990년대 들어서는 들뢰즈를 인용하지 않으면 무식한 건축가 취급을 받았다. 『해체주의』, 『천개의 고원』, 『주름』 같은 읽어도 뭔 소리인지 알 수 없던 글을 설계에 적용하고자 노력하는 학생이 많았고, 심지어 설계를 제대로 하기 위해서 건축학과를 졸업한 후에 철학과에 입학하는 학생도 있을 정도였다. 하지만 관념이 실재를 이끌면 산으로 가는 경우가 많다. 해체주의의 대표적인 건축가 피터 아이젠만Peter Eisenman(1932~)의 경우 주택 설계를 했는데 안방 침실의 방 가운데가 갈라져서 침대가 둘로 나뉜 디자인을 하여 부부가 같은 침대에서 잘 수 없거나, 건물의 모양이 필요 이상으로 기괴하게 복잡한 데다 그 복잡한 모양 틈새의 방수가 제대로 안 돼서 시공 후 비가 새는 일이 많은 건물이 만들어졌다. 심지어 어떤 계단은 올라가도 막혀 있는 '철학적 개념이 있는' 계단이 만들어지기도 했다.

해체주의 디자인은 인간이 중심에 있는 인문학에 근거해서 디자인되었지만 정작 그렇게 디자인된 건물에서는 역설적이게도 인간이 소외되는 일이 생겨났다. 애당초 근본적으로 해체하려는 해체주의 철학과 무언가를 계속 구축해야 하는 건축은 어울리지 않는 조합이었다. 이렇듯 해체주의 건축이 기능적으로 말이 안 되는 경우가 많

1975년에 완공된 해체주의 건축의 대표작인 피터 아이젠만의 '하우스 VI'(1975)의 부부 침실.
부부는 항상 떨어져서 잠을 자야 한다.

자, 해체주의는 기능과 실용이라는 시험을 견디지 못하고 한때의 유행으로 그치게 되었다. 건축은 1990년대 들어서 해체주의의 실패 이후 다시 '네오-모더니즘'의 시대로 돌아가면서 모더니즘의 그림자에서 탈출하지 못하는 듯한 모습도 보였다. 하지만 이미 시작된 타 장르와의 교류는 더 활발해져서 건축가들은 지난 십여 년간 생물학, 컴퓨터공학, 재료공학, IT, 패션, 미술 등 각종 분야와의 협업 혹은 도움을 주고받으면서 새로운 건축을 만들어 내고 있다. 그중에서도 IT기술과의 접목을 통해서 새로운 형태의 건축을 만들 수 있게 된 것이 가장 큰 발전이다.

'하우스 VI'. 외관

1984년은 인류 역사에 기념비적인 해다. 조지 오웰의 소설 『1984』에서는 1984년이 빅브라더가 감시하는 전체주의 사회로 묘사되어 있다. 하지만 실제 세상에서 1984년은 스티브 잡스Steve Jobs(1955~2011)가 매킨토시라는 개인용 컴퓨터를 출시한 해다. 1984년이 되는 해 밤 12시에 백남준의 비디오아트가 TV 방송에 송출되기도 했다. 밤잠 안 자고 백남준의 방송을 본 기억이 난다. 1985년에 매킨토시의 아이디어를 훔쳐서 출시한 마이크로소프트사의 윈도우 시스템도 점점 개선되어서 1990년대에 들어서는 매킨토시와 거의 구분되지 않을 정도까지 발전했다. 나도 1989년, 대학교 2학년 때 처음으로 PC를 구매하고 건축 도면을 그릴 수 있는 '오토캐드AutoCAD' 소프트웨어와 색칠을 할 수 있는 '닥터할로'라는 프로그램을 깔고 건축 설계에 처음 사용했다. 하지만 이때까지만 하더라도 컴퓨터는 너무 느리고 소프트웨어는 원시적이어서 손으로 만들고 표현하는 것을 따라갈 수 없었다. 무엇보다도 컴퓨터에 그린 그림을 출력하기가 힘들었다. 사람들은 컴퓨터의 잠재력은 알았지만 실제 디자인에 어떻게 적용해야 할지 몰랐다.

IT와 건축의 접목을 성공시킨 건축가는 아이러니하게도 실패한 해체주의 건축의 상징 같은 건축가 피터 아이젠만이었다. 그는 건축과 철학을 결혼시키는 데는 실패했지만, 건축과 컴퓨터를 결혼시키는 데는 성공했다. 그는 오하이오주립대학에 교수로 있던 시절 오토데시스Autodesys라는 회사와 공동 개발로 '폼지Form Z'라는 혁신적인 컴퓨터 소프트웨어를 개발하여 자신의 건축에 적용했다. 이 프로그램은 구상 단계부터 건축가가 참여했기 때문에 여타 다른 엔지니어들이 만든 오토 캐드 같은 프로그램과는 사뭇 다르다. 예를 들어서 상자 모양을 만들 려면, 오토캐드라는 프로그램에서는 평면에 네모를 그리고 나서 그 그림을 선택한 다음에 컴퓨터가 높이를 물어 보면 키보드로 높이 값을 입력해 넣으면 상자가 만들어지는 순서였다. 이렇게 만들어진 형태는 변형이 거의 불가능할 정도였다. 다른 모양을 원하면 다시 그리는 것이 빨랐다. 하지만 폼지라는 소프트웨어는 상자 아이콘이 그려진 명령어를 클릭해서 마우스로 세 번만 클릭하면 상자가 만들어졌다. 그러고 난 후에 찰흙 덩어리를 주무르듯 형태를 자유롭게 바꿀 수 있었다. 소프트웨어를 직관적으로 사용할 수 있게 디자인된 것이다. 아이젠만은 이 프로그램의 명령어에 따라서 이전에는 볼 수 없었던 형태의 건물들을 디자인할 수 있었다. 예를 들어서 폼지에서는 모서리나 꼭짓점 같은 부분만 선택해서 마우스로 당기면 모양이 찌그러진 형태의 덩어리가 만들어졌다. 앞서서 해체주의로 기괴한 형태를 만들던 아이젠만은 이제 폼지 소프트웨어의 도움으로 더욱 복잡한 형태의 건축물을 디자인할 수 있게 되었다. 그는 컴퓨터의 도움으로 인간이 상상하거나 만들기 어려운 극단적인 형태의 파격적인 디자인을 만들어 냈다. 다만 폼지 소프트웨어는 각이 진 직선의 복잡한 형태는 만들기 쉬웠으나 부드러운 곡면을 정확하게 만들기는 어려운 한계가 있었다. 그래서 당시의 아이젠만의 디자인은 모두 직선으로 복잡한 형태를 가진 모양의 건물 디자인이 주를 이루었다.

이런 한계는 새로운 소프트웨어의 등장으로 변화를 맞게 된다. 아이젠만의 건축 디자인 스타일은 소프트웨어의 발전과 함께 진화했는데, '마야Maya'나 '라이노Rhino'같이 곡선을 자유롭게 모델링할 수 있는 프로그램이 개발된 후부터 그의 건축 디자인 형태도 자유 곡선형의 작품들이 대세를 이루게 되었다. 하지만 아쉽게도 그의 파격적인 디자인은 시공 기술이 받쳐 주지 못했기 때문에 제대로 지어진 건축물이 거의 없다.

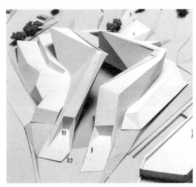

피터 아이젠만이 '폼지'로 만든 건축 디자인

피터 아이젠만이
'마야'로 만든 건축 디자인

컴퓨터 모델링상의 멋진 모습을 실제 현실로 재현하는 데 성공한 사람은 캐나다 건축가인 프랭크 게리Frank Gehry(1929~)다. 그는 자동차나 비행기를 제작하는 기술을 도입해, 컴퓨터 안에서 그려진 형태를 그대로 재현하는 데 성공한다. 그 과정에서 프랭크 게리는 전투기 제작에 사용하는 카티아Catia라는 소프트웨어 프로그램을 사용했다. 그는 이 프로그램을 이용하여 자신의 희한한 형태의 건물을 받칠 수 있는 내부 철골 구조를 컴퓨터 내에서 디자인한다. 그런 다음 마치 자동차 차체를 만들 듯이 컴퓨터가 그린 프레임을 공장에서 제작한 후 공사 현장으로 배달해서 조립한다. 그리고 프레임이 다 완성되고 나면 프레임 위에 철판을 부착해서 건축물을 완성한다. 쉽게 말해서 우리나라 조선업에서 배 만들 때 하는 일을 건물로 한 것이라고 보면 된다. 비행기나 배를 만드는 일은 바람이나 바닷물의 저항을 최소화하기 위해서 형태를 이리저리 변형해서 만든다. 게리는 항공, 조선, 자동차 산업에서 사용하던 기술을 건축에 처음으로 적용한 사람으로서 의미가 크다. 실제로 게리는 이 작업을 할 때 디트로이트 자동차 회사의 도움을 받았다. 프랭크 게리의 '구겐하임 빌바오 미술관Guggenheim Bilbao Museum'이나 동대문 'DDP' 건물은 자동차 제작 분야와 IT와 건축이 협업했기에 만들어질 수 있었던 디자인이다.

프랭크 게리의
'구겐하임 빌바오 미술관'
건축 중간 과정

완성된 '구겐하임 빌바오 미술관'(빌바오, 1997)

3D 스캐닝하는 모습

카티아 소프트웨어를 사용해 자동차 차체를
디자인하는 모습

자하 하디드가 설계한 DDP(동대문, 2014)

20세기까지는 사람의 머릿속에 있는 상상력을 컴퓨터로 표현하는 시대였다면 21세기 들어서는 컴퓨터의 상상력을 빌리려는 노력이 진행 중이다. 그런 시도를 파라메트릭Parametric건축이라고 부른다. 파라메트릭이란 굳이 번역하자면 수학에서 '매개 방정식'의 '매개'에 해당하는 단어다. 매개라는 단어를 국어사전에서 찾아보면 '둘 사이에서 양편의 관계를 맺어 줌'이라고 나와 있다. 한마디로 파라메트릭 건축은 건축가가 종이에 스케치를 하듯이 최종 결과물을 직접 조절하는 것이 아니라, 디자이너와 최종 결과물 사이에 숫자 같은 매개 변수를 조정해서 예상하지 못한 최종 형태를 만들어 내는 디자인이라고 할 수 있다. 복잡한 형태는 두 가지가 있다. 하나는 규칙이 전혀 없는 불규칙의 복잡함이다. 프랭크 게리의 작품이 대표적인 예다. 게리는 디자인할 때 종이를 구겨서 던지고 맘에 드는 종이를 주워서 3D스캐너를 통해 형태를 컴퓨터 데이터화시킨다. 이런 형태는 완전 무작위한 복잡함이다.

이와는 달리 복잡해 보이는데 수학적 규칙이 있는 경우가 있다. 과학에서 말하는 카오스 이론의 내용과 일맥상통한다. 날씨나 자연계 속의 디자인은 너무 복잡해서 불규칙해 보인다. 하지만 이런 자연계의 불규칙은 실은 아주 단순한 수학적 공식에 의해서 만들어지는 거라는 생각이 카오스 이론이다. 이는 일종의 믿음과도 같다. 천체의 움직임을 보면서 수학적 규칙을 찾아냈던 생각 유전자가 이와 같은 디자인을 추구한다. 파라메트릭 건축 디자인은 후자에 속한다. 이들은 알고리즘을 통해서 복잡하면서도 아름다운 모양을 만들려고 한다. 컴퓨터와 프로그램을 이용하지만 엄밀하게 말해서는 수학적 규칙을 가진 형태를 추구하는 서양 전통 건축 디자인과 같은 맥락이라고 할 수 있다. 파라메트릭 디자인을 한마디로 요약한다면, 숫자를 입력해서 만든 디자인이라고 할 수 있다. 파라메트릭 디자인 프로세스 중에서 컴퓨터에 의해서 연산되는 과정에는 알고리즘이라고 하는 수학적인 개념이 접목되는데, 이때 기계공학자들이 만든 알고리즘을 사용하느냐, 유전공학자가 개발한 알고리즘을 사용하느냐에 따라서 다른 결과물이 나오게 된다. 통상적으로 많은 경우에 건축에서는 유전 공학자 또는 생물학자들이 만든 알고리즘을 사용한다고 한다. 그 이유는 건축을 디자인하는 프로세스가 생물학의 진화 과정과 비슷하기 때문이다. 건축디자인의 프로세스를 살펴보면, 초기에 개념을 가지고 계획안을 만들고, 그중에서 몇 개 좋은 것을 선택하고 나머지는 버린 후 다음 단계로 넘어가서 몇 가지 계획안을 다시 만들고, 때로는 돌연변이가 나오기도 하고, 그중에서 우성을 선택하여 다음 세대로 넘어가서 또 다시 발전시켜 나가게 되는데, 이렇게 여러 세대를 거치면서 우성 선택의 과정과 돌연변이가 발생하는 과정이 생물 진화의 패턴과 흡사하기 때문이다.

1990년대에는 컴퓨터를 아주 잘하는 사람만이 어려운 프로그램 언어를 타이핑해 가면서 파라메트릭 디자인을 할 수 있었다. 하지만 2000년대 들어서 '그래스호퍼Grasshopper'라고 불리는 편리한 인터페이스가 등장하면서 초보자들도 쉽게 이러한 형태의 디자인을 할 수 있게 되었다. 그래스호퍼는 인간과 기계의 대화를 연결해 주는 다리 같은 기능을 하는 것이다. 이런 방식으로 과거 인간이 할 수 없던 디자인의 영역을 컴퓨터와의 협업을 통해 개척해 나가고 있다. 하지만 문제는 건축 디자인이라는 것은 정치, 경제, 사회, 문화 등 인간이 행할 수 있는 가장 복잡한 이슈들을 다루고 반영해야 하는 것인데, 이러한 요소들은 컴퓨터가 수행할 수 있는 '숫자'로 정량화되기가 거의 불가능하다. 따라서 아직까지 파라메트릭 디자인은 건축의 입면 디자인 같은 표면적이고 장식적인 디자인을 만들 때 사용하고 있다.

그래스호퍼 소프트웨어

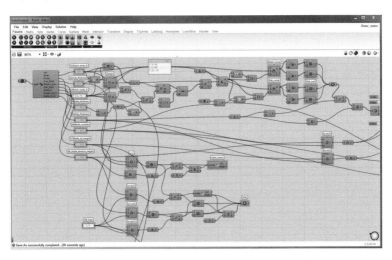

최근 들어 패션과 건축에서 유사한 형태의 디자인이 많이 나타나고 있다. 건축에서 영감을 얻어 옷을 디자인하기도 하고, 실제로 건축가들이 직접 패션 디자인을 하는 경우도 있다. 건축가 자하 하디드가 구두를 디자인하기도 하고, 심지어 '유나이티드 누드'라는 브랜드는 브랜드 콘셉트 자체를 건축 분야와 협업하는 것으로 잡고 있기도 하다. 이러한 경향은 다른 분야와 접목하여 하이브리드를 만들어 내는 시대적 패러다임을 잘 보여 주고 있다. 하지만 이러한 현상이 나타나는 실질적이고 직접적인 이유가 따로 있다. 바로 개인용 컴퓨터의 보급이다. 지금은 분야가 달라도 각 분야의 디자이너들은 모두 유사한 컴퓨터 프로그램을 사용해 작업하기 때문에 다른 분야끼리의 디자인도 점점 닮아 가고 있다. 지금의 모든 디자인 업계는 마이크로소프트가 만든 윈도우 프로그램과 어도비Adobe가 만든 각종 그래픽 소프트웨어, 그리고 업종별로 사용하는 몇 가지 3D 소프트웨어들 위에 세워진 세상이라고 해도 과언이 아니다. 실제로 건축가 피터 아이젠만이 사용하는 소프트웨어 '마야'를 할리우드의 특수 효과 장면을 만들 때도 사용하고 있으며, 건축 분야에서 사용하는 소프트웨어 '래빗Revit'으로 블록버스터 영화 배경 속 건축물을 만든다. 반지를 디자인하는 디자이너와 동대문 'DDP'를 디자인한 건축가는 똑같이 '라이노'라는 소프트웨어를 사용한다. 동일한 소프트웨어를 쓰면 사용하는 명령어가 똑같다. 그렇게 되면 비슷한 형태의 결과물이 나온다. 곡면을 만드는 방식도 소프트웨어에 따라 다른데, 같은 소프트웨어를 사용하면 비슷한 모양의 곡면이 만들어진다. 그런 이유에서 반지와 건축물의 모양이 비슷해지고 있다.

라이노로 디자인하는 반지

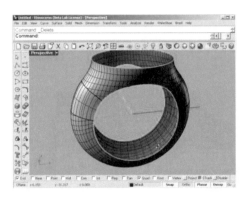

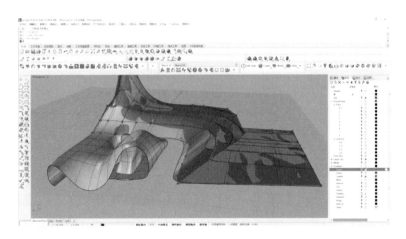

라이노로 디자인하는 빌딩(자하 하디드의 건축 디자인)

자하 하디드가 설계한 문화센터 '헤이다르 알리예프 센터'(아제르바이잔의 수도 바쿠)

자하 하디드가
유나이티드 누드와
콜라보로 만든
여성 펌프스와 샌들(아래)

8장. 학문 간 이종 교배의 시대

아래의 신발과 유사한 느낌이 드는
자하 하디드의 건축 디자인

자하 하디드가 여성 신발을 만드는
회사 멜리사melissa와 콜라보로 만든 신발

이토 도요오의 '토즈Tod's 빌딩'
(도쿄, 2004)

'토즈 빌딩' 외부와
비슷한 느낌의 드레스

8장. 학문 간 이종 교배의 시대

문화인류학적으로 한 언어를 사용하는 문화권은 서로 비슷한 생각과 공감대를 공유하게 되는데, 이와 유사하게 같은 컴퓨터 언어, 즉 같은 소프트웨어 프로그램을 사용하는 디자이너들의 생각과 결과물들은 서로 비슷하게 나올 수밖에 없다.

컴퓨터를 이용한 작업의 효율성이 높아진 점은 장점이다. 하지만 이로 인해서 '다양성의 소멸'이라는 치명적인 결함을 갖게 된 것도 사실이다. 과거에는 패션, 건축, 산업 디자인 등 각종 디자인 분야에서 각기 다른 방식으로 물건을 만들어 왔다. 패션은 옷감을 가위로 자르고, 바느질했으며, 건축에서는 돌을 쌓고, 나무를 깎고, 콘크리트를 부어서 건축물을 만들어 냈다. 이렇듯 각 분야는 자신들만의 독특한 제작 방식에 근거해서 서로 전혀 다른, 다양한 결과물을 창조해 낼 수 있었다. 하지만 지금은 모두 컴퓨터에서 디자인하고, 스크린상에서 컴퓨터로 만든 3차원 그림을 통해 시뮬레이션하고, 그 형태를 CAD CAM(Computer Aided Design, Computer Aided Manufacturing)을 이용해서 제작하는 비슷한 프로세스를 가지고 있다. 또한 매스 미디어의 과다한 노출로 인해 서로 점점 더 베껴 가는 과정을 통해 디자인 분야의 '다양성'이 사라져 가는 추세다. 기술에만 의존하는 창조는 시간이 지날수록 다양성이 사라진다. 우리는 그런 현상을 20세기 중반 국제주의 양식에서 경험했다. 기술이 이끄는 획일화를 어떠한 방식으로 피하느냐가 이 시대의 중요한 화두다.

기술로 인한 획일화를 피하기 위해 일부 사람들은 사람의 신체에 집중하기도 하고 일부는 재료에 집중하기도 한다. 왜냐하면 몸과 재료는 현실 세계에서 없어질 수 없는 것이기 때문이다. 빠르게 변화하는 세상에서 살아남는 방법은 변화하지 않는 것을 찾는 것이다. 아무리 세상이 변해도 인간은 몸을 가지고 있을 것이고, 앞으로도 오랫동안 우리의 유전자에 각인된 짝짓기 본능이나 관음증 같은 가장 원초적인 본능은 남아 있을 것이다. 그러한 본능은 수십만 년이라는 긴 시간에 걸쳐서 진화해 온 것들이기 때문에 쉽게 사라지지 않을 것이다. 건축에서 가장 변화하지 않는 것은 '중력'이라는 법칙이다. 많은 건축이 다양한 디자인을 하지만 태초부터 바뀌지 않는 건축의 본질은 중력과 싸워야 한다는 점이다. 그래서 현대 건축에서는 구조적으로 이해하기 힘든 형태의 건축물이 디자인되기도 한다. 구조적으로 파격적인 디자인은 본능적으로도 파격적으로 느껴지기 때문에 항상 감동을 준다. 그래서 예나 지금이나 랜드마크 건물은 구조적으로 만들기 어려운 건축물들이었다. 이런 현상은 앞으로도 지속될 것이다.

니시자와 류에西沢立衛의 '데시마 미술관豊島美術館'의 외부(위)와 내부(데시마, 2010).
구조적으로 경이로운 형태를 띠고 있다.

이토 도요오의 '타이중 오페라 하우스National Taichung Theater'(타이중, 2016)

8장. 학문 간 이종 교배의 시대

프랭크 게리 같은 자유로운 디자인을 하는 건축가나 파라메트릭 디자이너들은 공학자들이 만들어 놓은 컴퓨터를 단순 도구로 사용하여 디자인을 발전시키거나 제작하는 사람이라면, 좀 더 깊이 있게 디자이너의 머릿속을 연구하는 사람들이 있다. 그런 연구 분야를 '쉐입 그래머'라고 한다. 보통 한 건축가는 계속해서 비슷한 형태나 공간을 디자인하고, 디자인을 진행하는 프로세스 역시 비슷하다. 주어진 대지 조건이나 프로그램이 변하면 다른 건물이 디자인되지만, 루이스 칸은 언제나 루이스 칸처럼 디자인하고, 안도 다다오는 항상 안도 다다오처럼 디자인한다. 우리는 보통 이러한 것을 '스타일'이라는 용어로 설명하는데, 쉐입 그래머학자들은 한 발짝 나아가 우리의 머릿속을 파고들어 설명한다. 그들은 사람들이 디자인을 발전시킬 때에는 '문법Grammar'이라는 것이 있다고 말하는데, 그것이 그 사람의 쉐입 그래머라는 것이다. MIT 건축대학 학장이던 윌리엄 미첼William Mitchell(1944~2010)과 피터 아이젠만이 함께 16세기 이탈리아의 건축가 안드레아 팔라디오Andrea Palladio(1508~1580)의 건축 평면을 분석한 연구가 이 분야의 대표적인 논문이다. 안드레아 팔라디오라는 건축가가 설계한 건축 평면도를 분석해서 그 건축가가 어떠한 단계를 거쳐서 최종 설계가 나왔는지 설명하는 논문이다. 예를 들어서 종이 위에 정사각형을 그린 후, 정사각형 평면을 9등분한 다음에 가운데에 창문을 뚫고, 벽을 세우고, 기둥을 옮기는 등등 건축가가 디자인을 발전시켜 나갔을 법한 과정을 단계적으로 설득력 있게 보여 주는 논문이다. 한 사람이 어떤 건축물을 디자인할 때는 한 가지 형태에서 계속해서 변화되어 나가기 마련인데,

그 변화의 각 단계가 그 사람 고유의 쉐입 그래머에 의해서 진행되어 나간다는 것이다. 따라서 그 형태 변환 문법인 그래머를 알아낸다면 인간의 디자인 프로세스를 컴퓨터가 진행할 수 있다는 것이 쉐입 그래머 연구자들의 설명이다.

나는 1995년에 MIT 건축대학의 다케히코 나가쿠라 교수가 개발한 프로그램을 본 적이 있는데 참으로 신기했다. 보통 건축가들은 디자인을 몇 주 혹은 몇 달에 거쳐서 고쳐 가는데, 과거 어느 시점에서 결정한 부분을 수정하고 싶다면 그 이후의 작업을 오랜 시간 들여서 모두 다시 해야 하는 어려움이 있다. 예를 들어서 2주일 전에 현관을 남쪽으로 냈는데, 그걸 동쪽으로 바꾸고 싶다면 2주일 동안의 일을 버리게 되는 것이다. 하지만 다케히코 교수의 프로그램을 이용하면 동쪽으로 현관을 옮긴 후 2주일 동안 진행됐던 디자인 프로세스를 1분 만에 끝낼 수 있게 된다. 이것이 가능한 것은 지난 2주일 동안 진행됐던 디자인 변화의 그래머를 컴퓨터가 인지 및 기억하고 '이 디자이너라면 2주일 동안 이렇게 발전시켰을 것'이라고 예측하여 발전시켜 주기 때문이다. 이것이 좀 더 실용화된다면, 우리는 20년 후에 내 땅에 집을 설계할 때 세계 유명 건축가의 쉐입 그래머 소프트웨어를 사서 그 사람이 지은 듯한 집을 컴퓨터가 디자인해 주는 날을 맞이할지도 모른다.

그 정도까지는 아니더라도, 한 명의 건축가가 몇 달 걸릴 수백 개의 계획안 작업을 컴퓨터가 대신 몇 분 만에 만들어 주고, 그중에 몇 개를 선택하면 그것을 컴퓨터가 다시 수백 개의 계획안으로 만들어 주면서 일종의 디자인 파트너와 같은 방식으로 인간과 컴퓨터가 협업하는 날이 올 것이다. 이런 날은 아직 오지 않았지만, 그 전 단계로 지금의 설계 사무소에서는 젊은 직원들이 디자인할 때 핀터레스트Pinterest

핀터레스트에서 찾은 계단의 샘플 사진들

웹사이트를 이용해서 디자인한다. 핀터레스트는 내가 좋아하는 사진을 선택하면 핀터레스트의 인공 지능이 그와 비슷한 사진을 골라서 추천해 주는 웹사이트(앱)이다. 과거에는 계단을 설계할 때 콘셉트를 고민하고 난간을 어떻게 할지 며칠을 고민했다. 그런데 요즘 젊은이들은 계단을 설계할 때 핀터레스트에 '계단'을 치고 사진을 고르면 컴퓨터가 그와 비슷한 스타일의 계단을 수십 수백 개 더 골라서 보여 준다. 디자이너는 그 안에서 마음에 드는 사진을 골라서 더 발전시킨다. 그렇게 함으로써 완전히 무에서 유를 창조하는 것보다 훨씬 빨리, 효율적으로 일할 수 있다. 조금은 원시적인 방식이지만 이미 디자인 분야에서 인공 지능과의 협업이 시작된 것이다.

여기까지가 우리가 사는 현재에 진행 중인 건축이다. 시대의 흐름은 너무 빨라서 이미 컴퓨터를 이용한 독특한 조형미를 디자인하는 것조차도 한물간 시대가 되어 가고 있다. 형태는 더 이상 차별이 되지 못한다. 마치 자동차가 나오기 직전에 마차 디자인에서 더 이상 새로운 디자인을 만들기 어려웠던 것과 마찬가지다. 지금은 건축을 뛰어넘어 새롭게 바뀐 세상에 적합한 도시의 모습은 무엇일까를 고민하는 시대가 되었다.

9장.   가상 신대륙의 시대

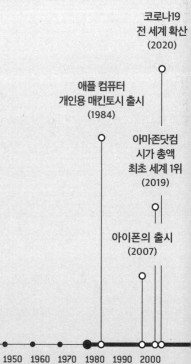

코로나19
전 세계 확산
(2020)

애플 컴퓨터
개인용 매킨토시 출시
(1984)

아마존닷컴
시가 총액
최초 세계 1위
(2019)

아이폰의 출시
(2007)

BC 300   15C   1900   1950   1960   1970   1980   1990   2000

크리스토퍼 콜럼버스는 1492년 8월 3일 항해를 시작해 같은 해 10월 12일에 아메리카 대륙을 발견했다. 사실 거기에는 이미 사람들이 살고 있었으니 진정한 발견이라 보기는 어렵다. 하지만 대서양을 두 달 만에 건넌 것은 경이로운 일이었다. 콜럼버스의 업적은 아메리카 대륙의 발견보다는 유럽과 아메리카 대륙을 두 달 만에 연결시켰다는 '공간의 압축'에 있다. 이 사건은 식민지 시대를 열었고, 문화적 융합에 가속을 가져왔다. 그런데 19세기 말이 되자 문제가 생겼다. 인간은 계속 무언가를 탐험할 곳이 필요한데, 사실 당시의 교통수단으로 갈 만한 곳은 다 가 버려서 갈 곳이 없어졌다. 탐험할 '공간'이 필요했던 인간의 눈은 두 방향으로 향했다. 하나는 '안쪽'으로 하나는 '바깥쪽'으로. 안쪽으로 향한 것이 인간의 마음을 연구하는 심리학의 발전이다. 1856년 오스트리아 태생의 지그문트 프로이트Sigmund Freud를 필두로 하여 인간의 내면에 대한 연구가 시작되었고 '무의식의 세상'이라는 새로운 지평을 열었다. 20세기에 교통수단이 조금 더 발달하자 우리는 우주로 향했다. 그 정점은 케네디 대통령의 인간을 달에 보내는 꿈이 실현될 때였다. 그 이후 보이저도 띄웠지만 50년 동안 우리 인간은 달나라 밖으로는 전혀 나가지 못하고 있다. 앞으로 한참 지나야 화성에 사람을 보낸다고 하니 진도가 엄청 느린 편이다.

지리적인 발견이 더 이상 불가능한 시대가 되자 인간은 새로운 대륙을 만들었다. 새로운 대륙은 현실 속 공간이 아닌 컴퓨터 네트워크 속 '가상의 공간'이다. 20세기 후반에 발명된 인터넷은 '인터넷 가상 공간'이라는 인류 역사에 없던 공간을 창조해 냈다. 1990년대 사람들은 하루 두 시간에서 네 시간 정도 인터넷을 하면서 인터넷 가상 공간에서 생활했다. 컴퓨터 모니터는 이제 더 이상 단순한 2차원 평면이 아니라 또 다른 공간이요, 세상이다. 모니터 상에서 정보를 얻는다는 점에서는 컴퓨터와 TV가 같아 보인다. 하지만 인터넷 가상 공간이 TV와 다른 점은 TV처럼 일방적으로 정보를 받아들이는 공간이 아니라, 마우스 클릭을 통해서 개인이 만들어 가는 시공간이라는 점이다. 이것이 현대를 살아가는 우리가 사는 공간이다. 주인이 없던 이 가상의 신대륙을 처음 장악한 자들은 페이스북, 아마존, 구글 등이다. 이들은 마치 서부 시대의 무법천지에 온갖 반칙을 하며 땅을 차지하려고 했던 서부 개척자들과 같다. 신대륙 미국에서 온갖 편법과 불법으로 자본을 확보했던 석유 왕 록펠러같이 마크 저커버그는 가상 공간에서 페이스북의 영토를 확장했다. 루즈벨트 대통령 같은 정치가의 견제로 록펠러는 기업 독점을 포기하고 기업을 쪼개야 했지만 정부도 없고 국경도 없는 인터넷 공간의 신대륙에서 저커버그는 어느 정부의 제어도 받지 않는다. 정부가 규제하려고 하면 다른 나라로 옮기면 된다. 심지어 작은 섬을 사서 건국할 수도 있을 것이다. 인터넷 공간은 지구의 영토에 근거하고 있지 않다. 인터넷 공간은 반도체와 케이블과 전기만 있으면 만들어지는 공간이다. 전통적인 국토와 선거법 등으로 만들어진 국가라는 기관이 인터넷 가상 공간상의 다국적 기업을 제어하기는 힘들어 보인다. 이 시대의 다국적 기업은 국가의 권위를 뛰어넘었다.

스마트폰의 보급과 더불어 이제는 인터넷 공간에 들어가기 위해 책상 위 모니터 앞에 앉아 있을 필요도 없어졌다. 내가 원하는 시간에 언제든지 내 손바닥을 쳐다보면 인터넷 가상 공간 안으로 들어갈 수 있게 되었다. LED모니터의 가격은 점점 저렴해져서 점점 더 많은 건물의 입면이 고해상도 동영상을 보여 주는 스크린으로 도배되고 있다. 1990년대 뉴욕의 타임스퀘어에서나 볼 수 있던 풍경을 이제 삼성동과 강남역에서도 볼 수 있게 되었다. 이 공간들은 가상 공간이 현실 속으로 튀어나오는 공간이다. 우리는 가상과 현실의 경계가 모호해지는 시대에 살고 있고, 증강 현실 기술과 더불어서 점점 더 경계가 모호해질 것이다. 최초로 가상 공간을 점령한 자들이 '구글'과 '페이스북'이라면 가상 공간에서 나와 현실 세계와 접점을 만들고 현실 공간에서 영토를 넓혀 가는 자들은 '우버'와 '에어비엔비' 같은 기업들이다. 이제 문제는 누가 그 공간에 가서 새로운 창조적 생각을 만들어 낼 수 있느냐다. 과거 아메리카 신대륙에는 범선을 탄 사람들만 갈 수 있었다면 새롭게 만들어진 신대륙에는 디지털과 융합한 자들만이 갈 수가 있다. 그 융합의 기반이 되는 플랫폼은 디지털 세상인 가상 공간이다. 융합의 플랫폼이 실제 공간이 아닌 가상 공간이 주 무대가 되는 이유는 간단하다. 가상 공간이 가격이 싸고 무한하기 때문이다. 우주가 빅뱅 이후 계속 팽창하듯이 인터넷 공간도 계속해서 팽창 중이다. 게다가 미세 먼지도 없다. 가상 공간은 반도체 칩과 케이블만 있으면 계속 키울 수 있다. 삼성전자는 더 이상 반도체 회사가 아니다. 반도체를 만드는 삼성전자는 가상 공간 속 부동산을 생산하는 재료를 공

급하는 회사, 즉 가상 공간을 만드는 부동산 회사다. 현대 사회에서는
디지털 가상 공간이 융합의 주요 플랫폼이다.

넷스케이프를 사용하던 1990년대는
데스크탑 컴퓨터 모니터 안에서만
가상 공간이 펼쳐졌지만, 현재는
가상 공간이 스마트폰 앱으로
연결되어서 시간과 장소에 구애를
받지 않게 되었다.

이제는 현대인의 일상이 되어 버린 '디지털 정보'와 '현실'의 경계가 모호해지는 현상을 처음으로 보여 준 창작자는 백남준이다. TV 모니터로 사람 모양을 만든 백남준의 작품을 보면 형태적으로는 인간을 상상하지만, 모니터 안의 동영상에 집중하는 순간 사람의 모양은 사라지게 된다. 고전의 조각품은 대리석 덩어리를 아름다운 모양과 황금 비율로 잘라 내서 만들어진다. 미켈란젤로의 다비드상이 대표적이다. 이와는 다르게 여러 대의 모니터로 만들어진 백남준의 조각상은 동영상이 돌아가는 순간 물성이 사라지고 모니터 안의 이미지 정보만 남게 된다. '물질의 비물질화de-materialization'가 되는 것이다.

이런 현상을 건축에 처음으로 적용한 작품은 1991년도에 만들어진 이토 도요오伊東豊雄의 '윈드 타워Tower of Winds'다. 높이 21미터 높이의 이 타워는 요코하마의 버스 정류장 옆에 위치해 있다. 이 타워는 지하 쇼핑센터의 통풍과 물탱크 역할을 담당하고 있는 타워를 리모델링한 것이다. 이 타워의 입면은 타공 철판으로 둘러싸여 있는데, 이 재료가 이 타워의 성격을 규정하는 중요한 역할을 담당한다. 타공 철판은 철판에 구멍이 뚫려 있는 재료로, 가정집에 있는 모기장과 비슷하다고 보면 된다. 작은 구멍 때문에 이 재료는 어두운 쪽에서는 밝은 쪽이 보이고 밝은 쪽에서 보면 은색의 불투명한 재료처럼 보이게 된다. 따라서 타워 주변을 걷는 보행자의 입장에서 보면 낮 시간 동안 이 타워는 실린더 형태의 은색 구조물로 보인다. 그러나 밤이 되면 타공 철판으로 만들어진 표면 안쪽에 설치된 조명 기구가 빛을 내기 시작하면서 내부가 들여다보이는 구조물이 된다. 이때 조명 기기들은 타워 주변에 부는 바람의 방향이나 세기에 따라서 다른 빛을 연출하게 된다. 이렇게 함으로써 눈에 보이지 않는 바람이라는 자연을 테크놀로지의 힘을 빌어서 형형색색 다른 시각적인 정보로 변환시켜서 보여 주는 장치를 만든 것이다. 이는 건축적으로 여러 가지 의미를 가진다. 먼저 타공 철판이라는 재료의 특성을 잘 이해하고 여기에 현대 조명 기술을 접목함으로써, 건축물 자체가 하나의 물질성으로 고정돼 있지 않고 빛의 연출에 의해서 존재 자체가 있었다가 없었다가 시시각각 바뀌는 '정보'가 된 것이다. 한마디로 건축물의 존재를 전원으로 켜고 끌 수 있게 된 것이다. 이로써 건축적으로는 현실과 비현실, 혹은 가상과 실제 사이를 넘나드는 건축이 만들어졌다고 말할 수 있다. 이는 생활의 많은 부분을 인터넷과 TV에 의존해 살아가면서 삶의 절반은 실제 공간에서 나머지 절반은 인터넷 가상 공간에서 살아가고 있는 이 시대의 문화적 패러다임을 잘 반영하는 건축 디자인이라 하겠다. 놀라운 것은 '윈드 타워'가 그런 시대가 오기 전에 만들어진 작품이라는 점이다. 백남준과 이토 도요오가 이와 같이 가상과 실제를 넘나드는 새로운 생각을 할 수 있었던 것은 디지털 기술을 적극적으로 도입했기 때문이다. 20세기 초반에 철근콘크리트와 엘리베이터라는 기술을 도입하여 새로운 근대 건축을 만들었듯이 이토 도요오는 조명 기술과 재료에 대한 이해를 바탕으로 새로운 창조적 생각을 만들었다. 2020년 현재에는 많은 건축가가 3D프린터와 자율 주행 자동차를 이용해서 새로운 건축과 도시를 만들기 위한 시도를 하고 있다.

백남준의
비디오아트 작품

이토 도요오의 '윈드 타워'

9장. 가상 신대륙의 시대

3D프린터로 건물을 지으면 기존의 공사 기간을 혁신적으로 줄일 수 있다. 작은 주택의 경우 하루 만에 지을 수 있을 정도다. 이 기술을 잘 적용하면 공사 기간의 단축으로 많은 은행 이자 비용을 줄일 수 있다. 과거 철근콘크리트라는 기술로 주거를 저렴한 가격에 대량 공급할 수 있었고 이를 통해서 기존에는 없었던 중산층을 만들고 근대 사회를 완성한 것처럼, 3D프린트라는 기술 혁신은 현대 사회의 주거 문제를 해결할 수 있을지도 모른다. 자율 주행은 더 많은 가능성을 가지고 있다. 차 안에서 운전이 아닌 다른 일을 할 수 있다면 이동 시간은 더 이상 버려지는 시간이 아니다. 그렇게 되면 시간 거리에 대한 개념 자체가 바뀔 수 있다. 자율 주행으로 인해 언제든지 내가 원할 때 차를 사용할 수 있게 되면서 자동차를 소유하지 않아도 될 날이 올지도 모른다. 자동차를 소유하지 않게 되면 주차장이 필요 없어지고, 자동차의 총 대수도 줄어들 수 있다. 그럴 경우 사용하지 않는 주차장과 도로들은 다른 용도로 변경 가능하다. 실내 주차장이 실내 농장이 될 수도 있고, 줄어든 차선에 공원을 만들거나 농사를 지을 수 있다. 인류 역사상 처음으로 도시 속에 빈 공간이 생겨나고 우리는 그것을 어떻게 쓰느냐에 따라서 새로운 도시 공간 구조를 만들 수 있다. 우리가 어떻게 꿈꾸느냐에 따라서 다음 시대의 도시가 바뀌고, 라이프 스타일이 바뀌고, 사회가 바뀔 수 있다. 이를 위해서 여러 가지 시도가 진행 중이다. 같은 자동차업계인 현대자동차와 도요타는 어떤 시도를 하고 있는지 살펴보자.

3D 프린터로 하루 만에 짓는 4천 달러(약 4백8십만 원)짜리 집

3D프린터로 건물 벽을
찍어 내는 모습

9장. 가상 신대륙의 시대

『미래의 역사』라는 책이 있다. 과거 사람들이 상상한 미래의 모습을 모아 놓은 책이다. 백 년 전 사람이 그린 미래 도시는 고층 건물 사이로 쌍엽기가 날아다니는 모습이 그려져 있다. 당시 최첨단 기술은 라이트 형제가 발명한 날개가 아래위로 한 쌍으로 달려 있는 비행기였기 때문이다. 그들의 상상에서는 비행기가 고층 빌딩 사이를 날아다니는 것이 최고의 상상이었다. 바다에서는 잠수함이 다녔다. 그런데 잠수함을 고래가 끈다. 말이 끄는 마차만 보던 사람들이 상상한 유일한 동력원은 동물이었기 때문이다. 사람의 상상은 대부분 자신과 시대의 한계를 뛰어넘지 못한다.

2020년 현대자동차는 '하늘을 나는 자동차'를 발표했다. 그 모습을 보면서 쌍엽기가 날아다니는 도시를 꿈꾼 사람의 그림자를 엿보았다. 드론 교통수단은 딱 그 정도 수준의 미래상이다. 드론은 축소판 헬리콥터다. 프로펠러가 두 개면 헬기고, 여러 개가 달리면 하늘을 나는 자동차다. 수 톤 무게의 자동차가 날아다니는 것은 헬기가 나는 것과 똑같다. 그런 비행체가 열 대만 날아다녀도 시끄러워서 살 수 없을 것이다. 드론 택배 역시 소음 민원 때문에 불가능할 것이라 생각된다. 노이즈 캔슬링 기술로 소음을 없앴다고 치자. 그래도 먼지를 일으키는 바람 때문에라도 안 된다. 도시에서 프로펠러로 운송을 하겠다는 상상은 이쯤에서 접는 것이 낫다. 새롭지도 않다. 프로펠러로 이동하겠다는 것은 르네상스 시절 다빈치부터 시작된 수백 년 된 아이디어다. 반면 도요타는 비슷한 시기에 우븐시티Woven City 계획을 발표했다. 이 도시의 여러 아이디어 중 눈길을 끄는 것은 지하에 만들어진 운송 전용 도로망이다. 도시의 지하 1층에 자율 주행 로봇들만 다니는 도로망을 만들었다. 이 로봇은 엘리베이터를 통해서 각 세대의 거실로 직접 물건을 배달한다. 현재 자율 주행 자동차의 가장 큰 문제는 인간이 운전하는 자동차와 부딪치는 사고다. 이런 사고는 예측 불가능한 인간의 반응 때문에 발생한다. 자율 주행 자동차만 따로 다닌다면 교통사고는 발생하지 않는다. 자율 주행 운송 로봇용 지하 도로망이 해결책이 될 수 있다. 운송 로봇만 다니면 천장고도 사람 키보다 낮게 만들 수 있다. 사람이 피자를 살 때에는 자동차를 타고 가서 피자 한 판을 사 와야 한다. 몇 그램짜리 피자를 사오기 위해 자동차 1톤과 사람 몸무게까지 운반되어야 한다. 배달앱으로 시키면 오토바이와 한 사람의 무게가 이동한다. 작고 가벼운 지하 운송 로봇으로 피자를 배달하면 배달원 몸무게와 오토바이 무게 등 무게의 많은 부분을 줄일 수 있어서 결과적으로 탄소 배출량을 크게 줄일 수 있다. 물론 초기에 지하 운송 도로망을 만드는 비용은 들겠지만 장기적으로 투자비를 회수하고도 남을 것이다.

서비스망을 지하에 설치하는 방식은 오래전부터 있어 왔다. 파리에서는 수백 년 전 지하에 하수도망을 설치하여 더러운 물을 배출했다. 지금은 모든 도시가 하수도망을 가지고 있다. 기술은 눈에 보이지 않게 숨겨지는 방향으로 발전한다. 로마 시대 때는 '아퀴덕트'라는 수도교水道橋를 통해서 물을 지상으로 옮겼는데, 지금은 땅속에 묻힌 안 보이는 상수도관을 통해 물을 공급하는 것으로 바뀌었다. 그리고 더러운 오물을 하천에 직접 버렸지만 지금은 땅속에 묻힌 하수도관을 통해서 분리 배출한다. 휴대폰의 키보드도 스마트폰이 되면서 스크린 속으로 숨어

들어 갔다. 수십 년 내에 지하 운송 로봇 도로망을 지금의 하수도처럼 필수 요건으로 생각할 시대가 올지도 모른다. 과거 파리는 최초로 하수도 시스템을 도입하여 전염병에 강한 도시를 만들었다. 유럽 전역에 전염병이 돌 때에도 파리에 가면 살 수 있었기에 부자들이 파리로 모여들었고, 부자에게 그림을 팔기 위해서 화가가 모였고, 파리는 문화의 중심 도시가 되었다. 새로운 라이프 스타일 시스템을 만드는 자가 전 세계의 자본과 창의적인 두뇌를 흡수하는 것이다. 지하 로봇 운송 시스템을 처음 도입한 도시가 다음 시대의 파리가 될 것 같은 예감이 든다. 과거 기차 레일의 폭은 마차 바퀴 폭에 따라서 결정됐다. 마차 바퀴의 폭은 마차를 끌기 위해서 필요한 두 마리 말의 엉덩이 폭을 합친 너비다. 우리가 쓰는 기찻길 폭은 말 엉덩이 폭에 의해 결정됐다는 얘기다. 엔진이 끄는 기차가 이 폭을 유지할 필요는 없다. 우리의 도시에서 '말 엉덩이 폭' 같은 고정 관념은 무엇인지 생각해 볼 때다.

고대 로마 시대 모형. 주황색 부분이 물을 옮겨 주는 다리인 '아퀴덕트'다.

가상 공간의 확장과 발전은 현실 공간에 영향을 미쳐 공간의 의미를 바꾸고 있다. 요즘 젊은이들에게 힙플레이스는 을지로다. 을지로가 '힙지로'가 된 이유는 휴대폰 카메라와 SNS 때문이다. 과거 우리가 '나'를 표현하고 과시하는 방법은 물건을 소유하는 방법밖에 없었다. 그래서 명품 가방을 들고 다니고, 좋은 자동차를 끌고 다녀야 했다. 과거에 2백만 원이 있으면 명품 가방을 사서 들고 다니며 나를 과시했지만, 지금은 그 돈으로 도쿄의 뒷골목에서 우동을 먹고 그 사진을 찍어서 SNS에 올린다. 집값이 너무 비싸서 집을 살 엄두를 못 내는 젊은이들은 대신 친구들과 돈을 모아 풀빌라에 가서 하룻밤 자면서 사진을 여러 장 찍어서 인스타그램이나 페이스북 같은 SNS에 올린다. 그렇게 공간을 소유하는 대신 소비하면서 나를 표현한다. 그들이 소유할 수 있는 것은 인터넷 가상 공간 안에 있는 내 SNS 공간뿐이다. 가상 공간에서 나의 SNS 공간은 내가 경험한 것을 찍은 사진만 있으면 구축할 수 있다. 스마트폰만 있으면 된다. 내가 찍은 사진은 '디지털 벽돌'이 된다. 그래서 요즘 젊은이들은 남들이 경험해 보지 못한 경험을 사진에 담으려고 난리다. 그게 내 벽돌이고 벽지이기 때문이다. 그러다 보니 사진이 중요하고, 사진이 중요하다 보니 가게도 독특한 인테리어가 중요해졌다.

을지로에 있는 가게들은 대로변에서 보이지 않는다. 간판도 안 보인다. 이 가게들의 주요 고객은 주변을 지나가는 사람들이 아니기 때문에 간판이 필요 없다. 이 가게들 주변에는 근처 인쇄소에서 일하시는

50대 어른들이 있다. 하지만 오히려 그분들은 우리 가게에 안 들어오셨으면 하고 바라는 경우도 있다. 그런 분들이 들어오는 순간 '물이 나빠져서' 다른 손님을 내쫓는다고 생각하기 때문이다. 현재 스타벅스의 가장 큰 고민은 50대 이상의 손님 비율이 높아지고 있다는 점이라고 한다. 왜냐하면 50대 아저씨들이 가게에 앉아 있으면 젊고 힙한 손님들이 발길을 돌리기 때문이다. 그래서 힙한 가게들은 일부러 간판을 내걸지 않는다. 그래야 주변에 계신 분들이 찾아오지 않기 때문이다. 그들은 간판을 내거는 대신 인터넷상에 예쁜 사진을 올린다. 인터넷에서 그 사진을 보고 찾아오는 힙한 젊은이가 이들의 주요 고객이다. 그리고 그들이 다시 SNS에 예쁘게 찍은 가게 사진을 올려 주길 기대한다. 을지로의 힙한 공간은 인터넷 가상 공간 상에서 정보를 얻은 사람만이 올 수 있는 공간이다. 그리고 하나 더, 이러한 가게들은 엘리베이터가 없는 건물의 높은 층에 있다. 나이 들어서 무릎이 안 좋은 분들은 오시기 힘든 또 하나의 허들인 것이다. 정보에 대한 접근과 튼튼한 무릎이 있는 사람만이 찾아 갈 수 있는 공간이 을지로에 숨겨져 있다. 마치 소설 『해리포터』에서 호그와트 마법 학교 입학자들만 알고 들어가는 '런던 킹스크로스 9와 4분의 3(9¾) 플랫폼'처럼 그곳에 있지만 다른 차원에 존재하듯 있는 것이다.

이 모든 것이 스마트폰으로 인터넷 가상 공간에 접속 가능해지고 스마트폰에 카메라가 장착되면서 바뀐 세상의 모습이다. 이렇듯 텔레커뮤니케이션의 발달은 현대 사회의 '공간의 의미'를 재구성하고 있다. 그리고 가상 공간과 현실 공간 모두에 '디지털과 융합한 사람들만이 사용 가능한 공간'이 만들어지고 있다. 지난 20년간 인터넷을 통해서 새

을지로에 위치한 한 카페 내부

로운 대륙이 만들어졌고, 기술로 인해서 우리의 실제 공간이 새롭게 재구성되어 가는 것을 보고 있다. 역사를 보면 창조적인 생각은 항상 '다른' 유전자와의 결합으로 만들어졌다. 그 '다름'이 기후 변화에서 온 것이든, 지리적 차이에서 오는 것이든, 전공 분야의 차이에서 온 것이 든 상관없다. 지금 시대의 다름의 원천은 디지털이라는 새로운 유전자 다. 아날로그 유기체인 인간이 디지털과 융합함으로써 새로운 생각들 이 만들어지고 있다. 나는 랩톱 컴퓨터를 이용해서 글을 쓰고 그 원고 를 출판사에 이메일로 보낸다. 타자기를 쓰거나 200자 원고지에 손으 로 쓰던 사람과는 다른 효율성을 가지고 일한다. 궁금한 점이 있으면 도서관에 가서 백과사전을 펼치는 대신 그 자리에서 인터넷 검색을 한 다. 우리는 이미 디지털과 융합하여 새로운 생각을 만들고 있는 중이 다. 그리고 앞으로 이러한 현상이 더욱 가속화될 것이다. 다음 시대는

9장. 가상 신대륙의 시대

이 융합에 성공한 사람들이 생존할 것이고, 디지털과의 융합에 성공한 자들만이 창조적 생각도 만들어 낼 것이다. 하지만 명심할 것이 있다. 역사가 말해 주듯이 기술 혁명만으로는 획일화를 벗어나기 힘들다. 디지털과의 융합 없이는 진화에서 뒤처지겠지만 동시에 디지털과의 융합만으로는 안 된다. 제대로 된 창조적 생각을 위해서는 디지털 이외에 다른 무엇이 더 있어야 한다. 역사를 보면 가장 쉬운 방법 중 하나는 루이스 칸처럼 과거에서 문화 유전자를 찾는 것이다. 그래서 최근 들어서 고전을 읽으려는 사람들이 생겨나고, 누구보다도 디지털화되어 있는 젊은 친구들이 다 쓰러져 가는 건물이 있는 을지로에 가고, 1980년대 리메이크 노래를 듣고, 뉴트로에 열광하는지도 모르겠다.

우리가 점점 더 디지털화되어 가기 때문에 무의식적으로 점점 더 아날로그적인 것을 찾는 이유도 있다. 손 글씨 쓰기 연습, 색칠하기 연습, 가구 만들기 같은 이해할 수 없는 아날로그 열풍은 지나치게 디지털화되어 가는 현실에 대한 반작용이다. 디지털화되어 갈수록 나 자신은 데이터화된다. 나라는 존재는 이제 페이스북과 인스타그램에 올라간 디지털 사진들로 대변된다. '나'라는 존재가 비트로 구성된 데이터화되는 현실은 원자로 구성된 몸을 가진 우리로 하여금 점점 불안감을 느끼게 만든다. 데이터로 대체되어 가는 나를 찾기 위해서 더욱 더 물질로 느낄 수 있는 아날로그적 문화에 애착을 가지게 되는 것이다.

공간의 압축을 통한 융합, 서로 다른 학문 간의 융합, 디지털과 아날로
그의 융합으로 우리는 새로운 생각들을 만들어 냈다. 결국 창조는 서
로 다른 재료의 융합에서 나온다. 한 번이라도 요리를 해 본 사람들은
이 원리를 쉽게 알 수 있을 것이다. 요리는 서로 다른 재료가 만나서 섞
일 때에만 완성된다. 섞이지 않으면 요리가 아닌, 그냥 재료일 뿐이다.
그런데 이 시대에 새로운 변수가 하나 생겼다. 다름 아닌 기후의 변화
다. 인류 역사의 첫 번째 문명은 기후 변화, 다시 말해 빙하기가 끝난
지구 온난화에서 시작되었다. '지구 온난화', 어디서 많이 들어 본 말
아닌가? 그렇다. 지금 우리가 사는 시대 역시 지구 온난화 시대다. 다
른 점이 있다면, 첫 번째 지구 온난화는 자연이 만들어 낸 것이지만 우
리가 사는 시대인 두 번째 지구 온난화는 인간이 만들어 냈다는 점이
다. 모든 문화혁명의 첫 번째 도미노가 기후 변화였다. 그 도미노가 쓰
러졌을 때의 연쇄 반응을 생각하면 지금부터 시작될 또 다른 연쇄 반
응은 엄청날 것이며, 어느 방향으로 갈지는 예측 불가능하다.

지난 1만 년 동안 인류 공간의 진화는 두 가지로 설명된다. '더 많이'
와 '더 빨리'다. 단위 면적당 더 많은 사람이 살 수 있는 고밀화 공간으
로 진화했고, 더 빠른 교통수단으로 공간을 압축하는 방향으로 발전
했다. 현재 인간은 인구 천만 명의 도시를 만들었고 하루 만에 지구 반
대편을 가는 세상에 산다. 수렵 채집의 시기 때에는 한 사람이 먹고살
려면 100만 제곱미터의 땅이 필요했다. 지구 온난화로 빙하기가 끝나
자 일부 지역은 물 부족에 시달렸다. 사람들은 물을 구하기 위해 강가

로 모여 살게 되었다. 좁은 공간에 많은 사람이 모여 살다 보니 사냥감이 부족했다. 좁은 면적에서 더 많은 사람이 먹고살 새로운 식량 조달 방법이 필요했다. 인간은 사냥을 버리고 농업을 선택했다. 원시적인 형태의 농업에서 한 사람이 먹고사는 데 필요한 면적은 5백 제곱미터다. 사냥 대신 농사를 지으면 같은 면적의 땅에서 2천 배나 더 많은 사람이 살 수 있다는 셈이 나온다. 그런데 문제는 이때 발생한다. 좁은 공간의 땅에 더 많은 사람이 살면 전염병에 취약해진다.

의료와 위생 기술이 없던 시절에 그나마 세균성 질병과 바이러스성 전염병에 가장 대처하기 쉬운 조건은 건조한 기후였다. 건조 기후에서는 습기가 부족해서 세균 증식이 어렵고, 비가 오지 않아 바이러스 전파가 적기 때문이다. 비가 적은 건조 기후대는 그만큼 바이러스에 강한 환경을 제공한다. 그래서 인류 최초 도시를 통한 문명 발전은 건조 기후대에서 발생했다. 메소포타미아강과 티그리스강 하구의 건조 기후대에서 수메르 문명이 발생했고, 나일강 하구의 건조 기후대에서 이집트 문명이 발생했다. 이후 도시는 계속해서 규모와 밀도를 높이는 쪽으로 진화했다. 인구 밀도가 높아지면 사람 간의 교류가 기하급수적으로 늘어나고, 이는 상업을 발달시켜 부를 창출하기 때문이다. 그래서 항상 한 시대를 이끌었던 국가들은 당대에 가장 밀도가 높은 도시를 보유한 국가였다. 로마 제국의 로마, 프랑스의 파리, 미국의 뉴욕이 그렇다. 이 도시들은 경제 규모를 키우기 위해 전염병과의 전쟁에서 이기고 고밀화된 공간을 만든 도시들이다. 로마는 수도교를 통해 먼 시골에서 물을 끌어와서 식수를 해결하고 위생적 도시를 만들었고, 파리는 하수도를 통해서 장티푸스나 콜레라 같은 전염병에서 자유로워질 수 있었다. 18세기 들어 인간은 전염병을 극복할 새로운 방법을 찾았다. 1798년 에드워드 제너Edward Jenner가 천연두 백신 개발 논문을 발표하면서 인류는 백신을 통해서 전염병 문제를 해결할 수 있게 되었다. 1822년에 태어난 세균학의 아버지, 프랑스 생화학자 루이 파스퇴르Louis Pasteur는 저온살균법, 광견병, 닭 콜레라의 백신을 발명했다. 이때부터 도시의 상하수도 시스템뿐 아니라 백신으로 전염병을 해결하는 시대가 열렸다. 로마의 수도교가 인구 100만 명의 고대 도시를 만들었다면 백신 예방 주사는 인구 1000만 명의 현대 도시를 만들었다. 의료 시스템 덕분에 지난 2백 년간은 걱정 없이 도시를 키울 수 있었다. 그러다가 얼마 전부터 사스, 메르스, 코로나19 등으로 점차 새로운 위기감을 느끼기 시작했다.

앨빈 토플러는 통신 기술의 발달로 가까운 미래에는 시골에 살면서 재택근무를 하게 될 것이라고 예측했다. 하지만 실제로 사람들은 더 많이 도시로 몰려들었고, 더 많은 대도시가 만들어졌다. 시골보다는 도시에 경제적 기회와 짝짓기 기회가 더 많기 때문이다. 재택근무는 일어나지 않았다. 직장 상사는 부하 직원을 감시할 수 있게 눈앞에서 일하길 원하기 때문이다. 이것이 인간의 본능이다. 이러한 고밀화 지향의 삶의 형태에 유일하게 반대 영향을 미치는 것이 전염병이다. 코로나19는 재택근무와 유연한 출퇴근 시간을 실행하게 만들었다. 마트에 가서 장을 보던 나이 드신 분들도 배달앱을 이용하기 시작했다. 그 밖에도 각종 경기장, 극장, 학교, 교회 같은 사람들이 모이던 곳에 가지 못하게 되었다. 알고 보면 우리가 문화라고 부르는 것의 많은 부분은 오프라인 공간에 모여서 하는 행위였다. 그중에서도 가장 오래된 전통의 모임은 종교 모임이다.

유발 하라리는 호모 사피엔스가 다른 종들을 제압할 수 있었던 이유를 '공통의 이야기'를 믿었기 때문이라고 말한다. 같은 이야기를 믿는 사람들은 집단을 이루었고, 더 큰 집단이 소수 집단의 경쟁자를 물리쳤다는 것이다. 언어와 문자의 발전 이전 인류는 그림을 통해서 공통의 이야기를 믿었을 것이다. 동굴에 그림을 그리면 그곳은 성스러운 공간이 되었다. 그 공간에 같은 믿음을 가진 사람들이 모여서 공동 의식을 강화했다. 공간과 종교는 밀접하다. 그래서 종교는 모이는 것을 강조한다. 기독교는 일주일에 한 번씩 같은 시간에 같은 건물 '안에' 들어가서 예배를 드린다. 기독교가 다른 종교와의 경쟁에서 이긴 이유 중 하나다. 한 장소에 모이는 것은 어떻게 믿음과 조직력과 종교의 권력을 강화할까?

고대 사회를 상상해 보자. 모닥불을 피우고 둥그렇게 앉아서 불을 같이 본다. 같은 불을 함께 보는 공통의 행위는 사람들을 한 공동체로 만든다. 시선이 모이는 공간 구조는 참석자들의 마음을 하나로 모은다. 공연장이나 경기장에서 같은 이벤트를 보는 것은 동질감을 강화한다. 이를 알았던 고대 그리스는 원형 극장을 만들었고 로마는 콜로세움을 만들었다. 이때 시선을 받는 자리에 있는 사람은 권력을 가지게 된다. 2천 명이 한 강대상을 쳐다보며 설교를 들으면 그것만으로도 설교자에게 권위가 부여된다. 청중들이 개인행동을 못하기 때문이다. 함께 듣는 사람들은 자리를 뜨지도 못하고 졸거나 다른 곳을 쳐다보기도 힘들다. 주변인들이 그렇게 하면 나도 따라해야 한다고 생각하게 된다. 군집으로 다른 종들을 압도했던 사피엔스는 본능적으로 집단에 순응하려는 경향이 있다. 집단과 다른 행동을 하면 집단에서 쫓겨나고 이는 자신의 생존 확률을 떨어뜨리기 때문이다. 줄지어 놓인 긴 의자가 앞만 보게 배치된 교회 공간은 그런 경향을 더욱 강화한다. 그런데 인터넷으로 예배를 드리면 다른 사람이 보이지 않는다. 대형 교회에서 2천 명이 모여서 예배를 드리는 것과 2천 명이 동시에 접속해서 인터넷 예배를 드리는 것은 다르다. 옆에서 설교자를 열심히 쳐다보면서 앉아 있는 사람이 없는 인터넷 예배에서는 같은 내용도 무게감이 다르다. 그래서 종교는 항상 모이기를 힘쓴다. 공간이 허락되지 않으면 시간이라도 맞춘다. 유목 민족이어서 한 장소에서 모이기 힘들었던 이슬람교인들은 시간을 맞추어서 동시에 기도를 하게 했다. 이때에 그나마 같은 방향을 보기 위해서 메카를 향해서 기도를 하게 한다. 이렇게 집단행동을 하면 눈앞에 종교 지도자가 없어도 개인은 작아지고 보이지 않는 권력이 만들어진다. 종교 권력을 만들기 위한 공간이 허락되지 않으니 시간이라도 맞춰서 한 방향을 보게 한 것이다. 전염병이 있어도 마지막까지 모이려는 곳은 종교 공간일 것이다. 모여야 권위가 생기기 때문이다. 우리나라에서 코로나19의 최대 발병지가 신천지 집회 장소였다는 점은 우연이 아니다. 정상적인 종교 단체라면 전염병 기간 중 실내 공간에서 모이는 것은 자제했겠지만, 후발주자 신천지는 해산하기 힘들었을 것이다. 한 공간에 모이지 못하면 종교는 집단 공간이 만드는 권력을 잃게 된다. 그런 의미에서 전염병은 종교 단체 최고의 적이다. 역사적으로 중세 때 흑사병으로 천 년 동안 무소불위의 권위를 가졌던 교회가 힘을 잃었고, 이후 르네상스라는 인문 개혁이 일어났다.

2020년 코로나19 사태를 통해서 가장 영향을 받을 분야는 유통상업 분야와 더불어 종교 분야일 것이다. 코로나19를 통해서 라이프스타일 변화가 가속화될 전망이다. 라이프스타일 변화는 공간의 재구성을 만든다. 공간 구성의 변화는 우리 사회 내 권력의 재배치를 만든다. 코로나19는 진정되겠지만, 그 이후 우리는 공간과 권력의 재배치가 시작되는 변화의 시작을 볼 것이다. 인터넷이 보급되면 일부에 집중됐던 언론의 권력이 분산되면서 더 좋은 세상이 올 것이라고 예측했다. 일부는 맞는 말이었지만 대형 언론사의 권력이 분산되자 가짜 뉴스가 판을 치는 세상이 되었다. 기존 권력의 해체와 분산은 또 다른 종류의 문제를 만든다. 공간을 통한 권력의 재배치가 바람직한 방향으로 가는지 잘 지켜봐야 한다.

'명동 성당'의 내부 모습

신천지 예배 모습

인류 역사에서 전염병은 항상 인간 사회에 지대한 영향을 미쳐 왔다. 어떤 과학자들은 지구 온난화로 가까운 미래에 시베리아 영구 동토의 고대 바이러스가 창궐할지도 모른다는 무서운 예상도 한다. 최근의 코로나19 사태의 경험은 너무 강해서 이후 고밀도의 대도시가 해체될지도 모른다는 이야기를 하는 사람들도 있다.

하지만 나는 그런 의견에 동의하기 어렵다. 물론 교외로 이사를 가는 사람들이 있을 수 있다. 무인 자동차가 나온다면 그런 사람은 더욱 늘어날 것이다. 하지만 텔레커뮤니케이션을 통해서 온라인 공간에서 정보나 다른 사람들과 연결될 수 있다고 하더라도 추가로 오프라인 공간에서 다양한 사람을 만날 수 있는 사람은 두 가지 시너지 효과를 갖게 된다. 같은 능력의 사람이라도 온라인상의 관계만 맺는 것보다는 온라인과 오프라인의 기회를 동시에 가질 때 더욱 유리할 것이다. 그래서 대도시를 선호하는 사람은 항상 있을 것으로 예상한다. 게다가 인간은 유전자에 각인된 짝짓기 본능을 가지고 있다. 코로나19 사태에도 붐비는 클럽을 보면 오프라인 공간이 왜 필요한지 알 수 있다. 그래서 지난 5천 년 동안 그랬던 것처럼 앞으로도 인간이 모이려는 경향은 크게 바뀌지 않을 것이다. 인간은 흩어지는 대신 전염병과 싸울 새로운 방법을 찾을 것이다. 19세기에 사람들은 백신을 대량 생산해서 모든 국민에게 예방 주사를 맞혔다. 예방 주사는 대량 생산과 대량 공급이라는 산업혁명의 방식을 도입한 최초 바이오테크놀로지(BT)였다. 그런데 21세기 현재 우리는 모바일 IT 기술을 가지고 있다. 우리나라가 외국보다 효과적으로 코로나 방역을 할 수 있었던 것은 위치 추적이 가능한 IT 기술과 BT 기술의 융합을 통한 '스마트 방역' 덕분이었다. 앨빈 토플러는 그의 저서 『전쟁과 반전쟁』에서 전쟁 기술이 점점 발전해서 지금은 대규모 융단 폭격 없이 토마호크 같은 스마트 미사일을 통한 핀 포인트 타격이 가능해졌고, 덕분에 기존의 대규모 전면전을 피할 수 있게 되었다고 말한다. 전염병과의 전쟁터는 대규모 전선이 아니라 여기 저기 작게 분포된 작은 점들과 같다. 이 점들을 IT 기술을 이용해서 핀 포인트로 타격해 나가야 한다. 넓은 면적을 셧다운시키는 것은 대규모 전쟁을 치르는 것과 같다. 핀포인트 스마트 방역은 우리의 일상 공간을 유지하면 경제적 파국을 피할 수 있는 방법이다. 하지만 이때 개인 사생활 정보의 공개가 문제가 된다. 향후 위치 추적을 하면서도 개인 사생활의 비밀과 자유가 보장되는 방역 방식을 찾는다면 지금보다 효과적으로 전염병에 대처할 수 있을 것이다. 그러나 언제나 그렇듯 인간이 방법을 찾으면 또 다른 전염병의 변수가 생겨난다. 인간이 가지는 심리적인 공포심도 또 다른 변수다. 현실에는 기술, 전염병, 심리 같은 너무 많은 변수가 있기 때문에 우리의 미래 공간이 어떻게 진행될지 단언하기 어렵다.

이 책의 첫 이야기는 빙하기가 끝나면서 바뀐 지리적 환경이 만든 인류 최초의 문명이었다. 그리고 만 년이 넘는 세월이 지난 후 인류는 가상 공간이 만들어진 시대까지 왔다. 지구라는 공간은 인간의 문명을 만들었고, 문명은 다른 공간을 만들었으며, 만들어진 공간은 인간을 바꾸고 역사를 바꾸어서 또 다른 공간을 만드는 '공간 창조의 수레바퀴'가 돌고 돌아서 21세기에는 인구 1000만의 도시들과 무한한 가상 공간의 신대륙까지 도달했다. 공간은 계속해서 다른 공간을 만들어 왔다. 21세기의 공간과 생각은 지난 만 년 가까운 시간 동안 많은 사람의 노력과 지혜 위에 세워진 결과다. 한 단계에서 다음 단계로 진화할 때마다 많은 희생이 있어 왔고 앞으로도 그럴 것이다. 그렇다고 앞으로 있을 희생만

걱정하며 살고 싶지는 않다. 지금까지 그랬던 것처럼 우리가 겪어 보지 못한 새로운 생각들이 펼쳐질 거라는 것은 분명하다. 다가올 변화를 걱정하기보다는 내년도에 나올 블록버스터 영화를 기다리는 마음으로 새롭게 펼쳐질 세상을 기대해 보자.

불완전에서 시작하는 창조적 진화

지금까지 공간을 중심으로 새로운 생각이 만들어지는 과정을 추적해 봤다. 수렵 채집 시대의 인간은 동물과 별반 다르지 않았다. 먹이를 찾아서 이동하고 최소한의 쉼터를 찾아서 쉬었다. 이후 위기와 기회는 지구 온난화와 함께 찾아왔다. 지구가 더워지면서 빙하기가 끝나자 일부 지역에서는 물을 구하기 어려워졌다. 사람들은 물을 구할 수 있는 강가에 모여서 살게 되었다. 사람이 많아지자 사냥하기가 점점 더 힘들어졌다. 이때 창의적인 누군가가 농업이라는 새로운 음식 취득 방식을 도입했다. 인류 역사 초기에 위대한 창조적 생각은 기후 변화라는 위기에 의해서 시작되었다. 사냥감을 찾아서 떠나야 했던 것과는 달리 땅과 기후적 조건만 맞으면 농사가 가능했다. 농업이라는 새로운 생존 방법을 찾은 인간은 적극적으로 땅을 찾아서 이동했다. 강수량에 따라 벼농사와 밀 농사로 다르게 발전했고, 경작 가능한 품종, 주변에서 구할 수 있는 재료의 제약, 노동의 방식 등에 따라서 지역별로 다른 문화의 특징들이 만들어졌다. 이후 새로운 창조는 생소한 문화와의 융합을 통해서 만들어졌다. 동서양의 문화가 교류되면서 먼 곳의 색다른 삶의 모습을 흉내 내면서 새로운 문화와 생각을 만들기도 했다. 교통수단의 발달로 더 이상 발견할 수 있는 지역이 없자 인간은 새로운 학문 분야로 눈을 돌렸다. 지금은 다른 학문과의 융합을 통해서 새로운 것을 만들어 내는 시대다. 지리적으로 더 이상 발견할 땅이 없자 인간은 인터넷 가상 공간이라는 신대륙도 만들었다. 창조적인 인간은 항상 새로운 생각들을 만들어 왔고 앞으로도 그럴 것이다.

새로운 생각은 시대에 따라서 다양한 모습으로 나타나지만 크게 두 가지 원리가 있다. 첫째는 제약이고, 둘째는 융합이다. 제약을 극복하기 위해서 새로운 생각이 나오고, 서로 다른 생각이 융합되었을 때 새로운 생각이 만들어진다. 그런데 이 둘을 하나로 묶는 공통점이 있다. 모든 창조는 열린 마음을 가진 사람에 의해서 만들어졌다는 점이다. 변화와 새로움을 거부했던 문화는 발전을 멈췄다. 그리고 그런 문화는 역사 속으로 사라졌다. 그렇다면 열린 마음을 가지려면 어떻게 해야 할까? 자신의 불완전을 인정하는 것부터 시작해야 한다. 자신이 완전하다고 느끼는 자는 새로운 것을 만들지 못한다. 역사 속 대표적인 사례는 이집트 미술이다. 이집트인들은 자신들이 만들어 낸 창조물과 사랑에 빠졌다. 그들은 자신들이 찾아낸 비율과 자세가 완벽하다고 생각했다. 그들은 스스로 진화가 완성된 상태라고 생각했다. 그래서 새로운 것을 만들려는 시도를 하지 않고 계속해서 똑같은 조각상을 만들었다. 이집트의 조각상은 너무나 훌륭하다. 5천 년 전에 만들어진 조각이라고 보기 어려운 아름다운 얼굴과 균형 잡힌 몸을 가지고 있다. 두 다리는 쓰러지지 않게 한 발을 앞으로 내밀며 서 있고 얼굴은 정면을 바라본다. 그림을 그릴 때에도 사람의 특징을 잘 표현하기 위해서 얼굴은 옆모습을 그리고 몸은 정면을 그린다. 그러나 이러한 방식이 완전하다고 믿었기에 그들의 미술은 수천 년 동안 변화가 없었다. 하지만 그리스 미술은 달랐다. 그리스인들이 처음 조각상을 만들었을 때 그 수준은 이집트 조각상과 비교해서 너무 떨어졌다. 하지만 이들은

2백 년도 되지 않아서 이집트 미술을 뛰어넘는 아름다운 조각상을 만들 수 있게 되었다. 그리스인들은 자신의 조각이 완전하다고 생각하지 않았기에 매번 조각할 때마다 조금씩 발전시켰기 때문이다. 많은 학자가 이집트 문화를 대단하다고 여기지만 현재 인류 문명을 이룬 근본적인 정신은 그리스에서 그 뿌리를 찾는다. 그 근본 정신은 다름 아닌, 더 좋은 것으로 언제든지 변화할 수 있을 만큼 '나는 불완전하다'는 것을 인정하는 것이다. 지금이 진화의 마지막 단계라고 생각하는 순간 창조적 변화는 멈추게 된다.

디지털과의 융합으로 내몰리는 아날로그 유기체

21세기의 우리는 인간이 기계와 융합되는 시대에 살고 있다. 웬만한 사람들은 이제 치아 중 하나는 보철을 하고 있고 스마트폰 없이는 살 수 없는 시대에 살고 있다. 나이가 들면 심장 관상동맥에 스탠트를 넣어서 혈관을 확장시키고, 고혈압과 당뇨병 약을 매일 먹는 사람도 많다. 현대인은 원시적인 수준이지만 서서히 사이보그가 되어 가고 있다. 공간적으로도 현실 공간과 가상 공간이 융합되고 있는 중이다. 오래지 않아 특수 안경이나 콘택트렌즈를 끼고 증강 현실을 보면서 사는 시대가 올 것이다. 우리는 지금 내가 소유하고 있는 집보다는 내 인스타그램에 올라간 여행 가서 찍은 풀빌라 사진이 더 중요한 시대에 살고 있다. 과거 농업이라는 기술을 통해서 몇몇 품종으로 새로운 거대 생태계를 만들었던 인간은 현재 가상 공간 안에 완전히 다른 또 하나의 생태계를 만들고 있다. 이미 쇼핑을 비롯한 현실 공간 속 인간 행동의 대부분은 가상 공간에서 가능해지고 있다. 마트에 가는 대신 'SSG'

나 '마켓컬리' 같은 온라인 마트를 이용하고, 옷이나 가전제품 구입도 오프라인 쇼핑보다 온라인 쇼핑의 이용률이 높아지고 있다. 디지털과의 융합은 더 이상 선택이 아니라 거부할 수 없는 큰 흐름이 되었다. 이에 대한 반작용으로 우리는 캠핑을 가고 명상을 한다. 하지만 기계와 인간의 융합이라는 거대한 파도를 거스르기는 힘들어 보인다. 영화는 이러한 현상을 잘 보여 준다.

2019년에 터미네이터 3편 격인 <터미네이터: 다크 페이트>가 개봉했다. 제임스 카메론 감독은 지난 35년간 세 편의 <터미네이터> 각본을 썼다. 1편은 1984년, 2편은 1991년, 3편은 2019년에 나왔다. 평균 17년에 한 편이 나온 셈이다. 그러다 보니 같은 사람의 작품임에도 불구하고 기계를 대하는 인간의 생각이 바뀌는 것을 볼 수 있다. 우선 1984년에 나온 1편은 미래에서 온 살인 기계인 터미네이터가 인간을 죽이려는 이야기다. 여기에 나오는 기계 인간 터미네이터는 무표정하고 말도 없는 차가운 살인 기계다. 2편에서는 1편과 겉모습은 같지만 새롭게 프로그램된 기계 인간 터미네이터가 인간을 지키는 역할로 나온다. 영화 속에서 주인공 소년과 교감하면서 인간성을 점차 배워 가는 캐릭터다. 3편에 나오는 터미네이터는 인간과 차이를 느끼기 어려운 캐릭터로 나온다. 처음 보는 손님에게 맥주를 권하고 흔들의자에 앉아서 개를 쓰다듬는 모습을 보면, 피해 의식에 찌든 인간 여주인공 사라 코너보다 더 인간적으로 보인다. 눈여겨볼 점은 또 다른 여주인공인 그레이스라는 캐릭터다. 그레이스는 미래에서 온 병사로, 인조인간으로 개조된 사람이다. 그의 몸은 강철보다 단단하고 기계보다 빠르다. 미래의 터미네이터와 싸우기 위해서 자신의 몸을 기계와 융합시켜서 업그레이드시킨 것이다. 그렇다면 과연 몸의 절반가량을 기계로 개조한 그레이스는 인간인가 기계인가? 터미네이터 프랜차이즈는 지난 35년간 기계에 대한 인간의 관점 변화를 보여 준다. 터미네이터 3편에서 인간과 기계의 경계가 모호해지는 이야기를 만든 제임스 카메론이 가상과 현실의 경계가 모호한 <아바타>라는 영화를 만든 것은 놀랄 일이 아니다. 영화 <아바타>의 남자 주인공은 실제로는 하반신 불구의 몸이지만, 기계 장치를 이용해서 유전 공학으로 만들어진 아바타의 신체에 정신만 들어가서 외계인과 사랑을 하게 되는 설정이다. 인간됨은 정신에 있는지 아니면 신체에 있는지, 무엇이 인간인지가 모호한 영화다. 외계 생명체의 몸과 인간의 정신이 합쳐진 존재는 인간으로 보아야 하는가 아니면 외계인으로 보아야 하는가. 천 년 전 중세의 사람들은 과거 세상은 신이 일주일 만에 만들었고 죽고 나면 영혼이 천국이나 지옥에 간다는 명확한 이야기 속에서 살았다. 그들에게 21세기의 이야기를 한다면 절대 이해하지 못할 것이다.

유기체가 되어 가는 건축과 도시

기계를 바라보는 시각이 바뀌는 것과 마찬가지로 건축과 도시를 바라보는 시각도 바뀌었다. 과거에 건축물은 보통 철, 콘크리트, 유리로 만들어진 무기물로 취급해 왔다. 그러던 건축물과 도시가 점점 유기체로 바뀌어 가고 있다. 근대 이후 처음으로 유기체를 흉내 내기 시작한 건축물은 프랭크 게리의 작품이다. 게리는 물고기 형태에서 착안하여 '구겐하임 빌바오 미술관'을 디자인했다. 그런데 이는 건축물의 형태만 유기체적으로 흉내 내는 짝퉁에 불과하다. 하지만 2005년을 전후해서 이러한 피상적인 경향은 에너지 부족과 기후 위기라는 시대적 요구에 의해서 진화하기 시작했다. 현재 우리는 건축물이 탄소를 얼마나 배출하는지 측정한다. 얼마나 많은 에너지를 사용하고 그 건축물이 유지되기 위해서 얼마만큼의 탄소를 배출하는지 에너지의 효율을 측정한다. 이는 마치 우리가 칼로리를 얼마큼 소모하는지 에너지 소비를 측정하는 것과 비슷하다. 과거 우리는 생명체의 에너지 흐름만을 측정했었다. 건축물의 에너지 흐름과 효율성을 측정하는 것은 마치 인체의 신진 대사를 측정하는 것과 같다. 우리는 이렇게 건축물을 점점 유기체로 취급하고 있다.

영화 속 터미네이터가 점점 인간화되어 가는 것처럼 건축물이나 도시도 점점 유기 생명체처럼 되어 가는 추세다. 요즘 회자되는 스마트 시티란, 도시가 감각을 가지고 스스로 대응하게 하는 기술이다. 4차 산업혁명이란 모든 인간과 모든 기계가 하나의 언어로 통합되는 시대를 말한다. 현재 인간은 기계들이 사용하는 소프트웨어의 언어를 하나로 통합하는 작업을 하고 있다. 현재는 기계마다 사용하는 소프트웨어 언어가 다르기 때문에 기계 간의 소통은 인간의 도움이 필요하다. 하지만 조만간 하나의 소프트웨어 언어로 통합되면 모든 기계가 서로 소통할 수 있게 된다. 인간 간의 언어는 국가별로 다른 언어가 사용된다. 하지만 이제 곧 완벽한 동시통역 기계로 언어의 장벽이 없어질 것이다. 마지막으로 남은 인간과 기계 간의 소통 장벽은 완벽한 음성 인식으로 인해 없어질 것이다. 내가 2020년 음성 인식 인공 지능과 이야기하려면 내 말을 잘 못 알아들어서 속 터지지만, 인내심을 가지고 말하는 어린 아이들은 인공 지능과의 소통에 어려움이 없다. 그 이유는 아이들은 발음과 말하는 것을 인공 지능과 서로 맞추어 가기 때문이다. 우리가 처음으로 언어를 배울 때는 부모님이 알아들을 수 있게 발음하면서 우리의 언어를 부모님의 언어에 맞춘다. 그래서 부모님이 사투리를 하면 자녀도 사투리를 배운다. 이제 인공 지능과 소통할 수 없는 말투를 가진 나 같은 사람은 심한 사투리를 쓰는 사람으로 취급받고, 인공 지능과 음성으로 소통하지 못하는 사람은 영어를 못하는 사람 취급받는 시대가 올 것이다. 미래 시대의 표준어는 지리적으로 결정되지 않고, 컴퓨터와 소통되는 언어가 표준어가 될 것이다. 지난 25년간 인터넷이 영어를 전 세계의 공통 언어로 통합했듯이 음성 언어 역시 인공 지능에 맞추어서 표준화가 정립될 것이다. 그런 시대가 되면 인간과 기계의 경계가 모호해지고, 가상 공간과 실제 공간 사이의 경계도 모호해지고, 인간의 몸과 인간을 둘러싸고 있는 도시 공간 사이의 경계도 모호해질 것이다. 다가올 시대에는 디지털 기계와 아날로그 인간의 융합이 있는 곳에 새로운 생각이 탄생할 것이다. 하지만 역사를 통해서 배웠듯 기술에만 의존하면 다양성이 사라진다. 우리는 이를 경계해야 한다. 디지털과의 융합은 이루어야겠지만 동시에 아날로그적 인간성을 포함시켜야 한다. 실패한다면 우리는 기계적 획일성에 매몰될 것이다.

과거 식민지 시대에 유럽인은 유럽 대륙 밖에 사는 외부인은 다 야만인이라고 보았던 시절이 있다. 지리적으로 통합된 21세기에 그러한 생각은 미개한 생각으로 치부된다. 21세기의 우리는 인간과 기계로 나누어서 본다. 어쩌면 백 년 후가 되면, 과거 아시아인을 야만인으로 여기던 시각이 지금은 어이없어 보이듯이, 인간과 기계를 나누는 것 자체를 어이없는 이분법으로 여길지도 모르겠다. 유럽과 아시아를 나누는 것은 무엇인가? 지리적으로 경계를 짓는다면 우랄산맥이라고 말할 것이다. 하지만 우랄산맥 서쪽과 동쪽은 별로 차이가 없다. 그렇다면 왜 우랄산맥이 아시아와 유럽의 경계인지 의심해 보아야 한다. 마찬가지로 인간다움과 인간답지 않음을 나누는 것은 무엇인가? 유기체면 인간이고 무기체면 기계인가? 아니면 생명을 존중하는 것이 인간다움을 나누는 조건인가? 이미 많은 SF영화와 소설에서 이런 질문을 던지기 시작했다. 인간다움은 과연 무엇인지 각자가 정의를 내리는 연습이 필요하다.

화합시키려는 마음

디지털과 융합해 가는 이 시대에 창조보다 더 중요한 것은 새로운 인간다움의 정의를 찾는 것이다. 그 과정 중에 우리가 지난 수백 년간 당연하게 여기면서 살아왔던 방식에 대해서도 의문을 가지게 될 것이다. 기술이 발전하고 새로운 삶의 형태가 나오면 인간의 가치관이 바뀌고 인간다움도 바뀐다. 예를 들어서 현재 결혼은 사랑하는 사람과 해야하는 것으로 알고 있다. 수많은 소설과 드라마에서 그렇게 이야기하고 있기 때문이다. 하지만 그런 세상은 불과 백 년 정도밖에 되지 않았다. 1800년대 조선 시대 사람이 지금처럼 자유연애를 하고, 결혼하고, 부모를 모시지 않고 사는 모습을 본다면 깜짝 놀랄 것이다. 지금은 비인간적이라고 생각하는 정략결혼을 백 년 전에는 연애결혼보다 더 자연스럽게 받아들였다. 우리가 가지고 있는 대부분의 가치관은 18세기 근대 계몽주의의 산물이다. 우리나라도 불과 30년 전만 하더라도 남편이 큰아들이면 부모님을 모시고 살지 않는 것은 상상하기 어려웠다. 그러나 지금은 그렇게 사는 것을 상상할 수 없다. 앞으로 30년 후에는 또 다른 가치관을 갖게 될 것이다.

인간은 항상 각 시대마다 그 시대의 인간성을 찾아 왔다. 이집트 시대의 노예, 중세 시대의 농노, 근대 산업의 노동자, 현대 사회의 소비자들은 항상 나름의 가치와 존엄을 찾았다. 다행스럽게도 큰 방향성에서 인간의 존엄은 더 많은 사람이 혜택을 받고 더 커지는 추세다. 하지만 그 과정 중에서 우리는 두 차례의 세계 대전을 치렀고 수차례의 피의 혁명과 노예와 식민지 시대를 겪기도 했다. 그런 과정들이 있었기에 지금의 인간다움을 만들 수 있었다. 다음 시대의 인간다움은 이러한 힘든 과정 없이 만들어 내는 것이 이 시대를 사는 우리에게 주어진 도전이다. 디지털과 융합될 시대는 기술이 너무 압도하기 때문에 개인이 사라지고 획일화될 가능성이 더 높다. '과연 인간다움은 어디서 오는가?'라는 질문을 던지는 것이 새로운 생각을 만드는 것보다 더 중요하다. 인간다움이 어디에서 오는지 살펴보려면 모든 것이 급격하게 변화하는 세상에서 변하지 않는 것을 구별해 내는 눈이 필요하다. 앞으로 사회도 변하고 가치관도 변하고 인간다움도 변할 것이다. 하지만 과연 변하지 않는 것은 무엇일지 생각해 본다면 우리 자신을 더 많이 이해할 수 있게 될 것이다.

짧은 글을 통해 건축가의 관점으로 역사 속 새로운 생각들은 어떻게 만들어지는지 살펴보았다. 역사 속에서 새로운 생각은 위기와 다름에서 시작했다. 위기와 다름은 보통 갈등과 충돌을 야기한다. 그런데 갈등과 충돌이 있다고 자동적으로 새로운 생각이 만들어지지는 않는다. 새로운 생각은 갈등과 충돌을 화합시키려는 마음이 있을 때 만들어진다. 아인슈타인 이전에 물리학계에는 뉴턴의 역학과 맥스웰의 전자기학 사이에 갈등과 모순이 있었다. 아인슈타인이 위대한 이유는 단순히 물리학에 내재된 모순과 갈등을 찾아내서가 아니다. 그 갈등을 봉합할 수 있는 새로운 시각을 찾아서다. 아인슈타인은 역학과 전자기학의 모순을 화합시키기 위해 시간과 공간을 합치면서 이전에 어느 누구도 생각하지 못한 '시공간'이라는 개념을 만들어 냈다. 인간과 기계의 융합, 아날로그와 디지털의 융합, 실제와 가상의 융합이 절실한 시대에 우리에게 필요한 것은 기존의 차원을 뛰어넘는 새로운 생각이다. 그리고 그런 새로운 생각을 만드는 창조적 영감은 갈등을 화합으로 이끌고자 하는 마음에서 시작된다.

주

1   텔레커뮤니케이션: 먼 거리 사람들끼리의 소통

2   모듈러: 전체를 구성하는 하나의 최소 단위로, 일반적으로 특정 크기를 가지고 있으며 반복된다.

3   내력벽: 건물의 무게를 지탱하도록 설계된 벽

4   슬래브: 콘크리트 바닥이나 양옥의 지붕처럼 콘크리트를 부어서 한 장의 판처럼 만든 구조물

5   성가극: 16세기 무렵에 로마에서 시작한 종교 음악. 성경의 장면을 음악과 함께 연출한 교회극에서
        발달하여 오페라의 요소를 가미한 영창, 중창, 합창, 관현악으로 연주한다. '오라토리오'라고도 한다.
        헨델의 「메시아」는 유명한 성가극으로, 마지막 제3부 끝부분에 「아멘 코러스」를 거쳐 네 개의 성부가
        동시에 「아멘」을 부르며 감동적으로 끝맺는다.

이미지 출처

43 위 ⓒ Pjt56/Wikimedia Commons, 아래 ⓒ sengsta/flickr

45 ⓒ SAC Andy Holmes(RAF)/Wikimedia Commons

65 ⓒ Takeaway/Wikimedia Commons

71 ⓒ Noh Mun Duek/Wikimedia Commons

73 네이버 영화

79 ⓒ 유현준

100 ⓒ manbo/flickr

117 ⓒ Jiuguang Wang/Wikimedia Commons

126 ⓒ andrew.walker28/flickr

131 아래 ⓒ Sir Banister Fletcher

133 ⓒ Szavanna-Sunshine/flickr

135 ⓒ Henk Binnendijk/flickr

148 공공누리(한국문화정보원)

152 위 좌 ⓒ Tales from the South/flickr, 위 우 ⓒ John Traherne Moggridge/Wikimedia Commons,
   아래 좌 Waugsberg/Wikimedia Commons

162 좌 ⓒ FutureAgent/flickr, 우 ⓒ Cho Sunghan/flickr

163 위 ⓒ 유현준, 아래 ⓒ Koreabrand-03/flickr

177 위 ⓒ tiarawidiastuti/flickr

180 아래 우 ⓒ escriteur-flickr

202 ⓒ Daderot/Wikimedia Commons

214 아래 ⓒ 2The-JMG/flickr

221 위, 234, 249, 253, 263, 269 ⓒ 유현준

223 위 ⓒ Manfred Brückels/Wikimedia Commons, 아래 ⓒ wholenutpeanut/flickr

225 위 ⓒ pepa767/flickr

231 위 ⓒ faasdant/flickr

233 위 ⓒ Maciek Lulko/flickr

243 위 ⓒ Gili.Merin/flickr

256 ⓒ 2cuaresmaARQ/flickr

259 위 ⓒ Paul R. Burley/Wikimedia Commons

261 위 ⓒ 1Pepe_Carlos/-flickr, 아래 ⓒ cuaresmaARQ/flickr

270 위 ⓒ evan.chakroff/flickr, 아래 ⓒ Arnout Fonck/flickr

271 위 ⓒ evan.chakroff/flickr